入門者のための AWS 導入ガイド

クラウド戦略が生まれたときに
誰もが知るべき
「クラウド移行」の第一歩

富士ソフト株式会社
田中 基敬／北村 明彦／出堀 琢麻／安斎 寛之／安藤 遼佑
共著

はじめに

この本をお読みの方は、まだクラウドを利用していなかったり、移行の検討で頭を悩まされている方ではないでしょうか？

セキュリティの問題、アプリケーションが移行できない、知識が足りない、新しいスキルを覚えられない、上司や部下の反対など、利用していない理由はさまざまでしょう。

会社のシステムの仕組みを大きく変えることも大変なことだと思います。

一方、経営者が交友関係やセミナーでクラウドの有用性を聞き、次の日にはトップダウンでクラウドを導入しろと指示されることもあるでしょう。なぜまだクラウドを導入しないのかと、クラウドを利用していないことを問われることもあるかと思います。

ITは日々どんどん進化しています。ITの仕組みを賢く利用して事業を伸ばす、デジタルトランスフォーメーション（DX）はクラウドに密接に関係しています。

早く取り組み、成果を出す。うまくいかなかったらすぐに撤退できるのも、クラウドの良さです。AIなどの高度な技術や、一企業ではなかなか取り組みにくい技術も、クラウドならすぐに手に入るのです。「クラウドは全く使わない」なんていう判断は、自ら「2025年の崖[1]」を落ちていくようなものです。一日も早くクラウドを使い始めていただき、その効果を自社の力へ変えていただきたい。

クラウドの導入で最初にやらなければならないのは、クラウドによって会社の仕組みがどう変わるのか、どう良くなるかを知ること、そして、どうしたいのかを決めることです。

1　2025年の崖（1.3　2025年の崖）
　経済産業省『DXレポート ～ITシステム「2025年の崖」

世の中には「リフト＆シフト[2]」という言葉がありますが、必ずリフトから始めなければならないわけでありません。システムを利用する事業部門が、初めからクラウド上にクラウドネイティブのアプリケーションを作ることもクラウド導入の第一歩です。

将来的に向け、IT システムのガバナンスを検討することも重要です。クラウドをどのように使っていくのか、事業部門にどのように有効に活用してもらうのか、セキュリティや監視、運用等を共通化し運用性の向上とコストの低減に結び付けるのかなど、いろいろなことを検討し、関係部門との調整をすることも大変です。ただ単にクラウドを導入するだけでも、大量の作業が発生します。

しかし、その導入効果は大きいはずです。「クラウドを導入してもコスト削減にはならない」と切り捨てる人も少なくないでしょう。それも正しい意見のひとつだと思います。一方、クラウドを導入する範囲をサーバやデータセンターの移行だけに限らず、アプリケーションプラットフォームの効率化や運用基盤見直し、監視の自動化などさまざまなIT変革を実施することで、コスト面の効果だけを見ても、既存システムの50％以上のコスト削減が実現できることはよくあることなのです。

皆さまに、「まずはクラウドへの一歩を踏み出していただきたい」という思いで本書を執筆しました。

この本と一緒に、クラウドへの第一歩を踏み出してみませんか？

2021 年 3 月　筆者一同

2　リフト＆シフト：オンプレミスで実現していた環境をそのままクラウドに移行（リフト）し、その後徐々に最適化（シフト）を進めていくクラウド導入の方法

目次

第1章 パブリッククラウドの利用

第2章 コスト試算

第3章 移行方法の検討

第 4 章 クラウド化成功のためのガイドライン作成

第 5 章 AWS アカウントの開設のポイント

第 6 章 クラウド利用の 2 大構成

第 7 章 クラウドならではの可用性

第12章 AWSの各サービス解説

・本書の内容は、本書の内容は AWS プレミアティアパートナーである筆者らの知見・経験に基づき、Amazon Web サイト、技術資料なども精査し、慎重に執筆したものです。また、執筆時までの情報であるため、掲載されている URL やサービス名、ロゴなどは変更になる場合があります。

・本書に掲載の Amazon サービス名、商品名等は、同社 Web 上の表記を採用しています。

・本書には、より深い理解のための参考 URL や QR コードを掲載しています。

第1章 パブリッククラウドの利用

クラウドを利用しようと本書をお読みの方は、広く使われているクラウドである**パブリッククラウド**の利用を検討されていることと思います。本書のはじめでは、パブリッククラウド以外の選択肢や、パブリッククラウドのメリットとデメリットについて述べた後に、昨今のクラウド化が進む背景と、クラウド化を進めるにはどのようなステップが必要なのかを説明します。

1.1 クラウド利用のメリット・デメリット

現在、世の中には、「オンプレミス」、「プライベートクラウド」、「パブリッククラウド」の3つのコンピュータリソースの使い方があります。

1 オンプレミス

オンプレミスとは、データセンターや自社のサーバルームなどに、自前でコンピュータリソースを用意することを指します。ハードウェアやソフトウェア、ネットワーク（回線）、さらに場合によっては電源やエアコン、設置場所に至るまで用意する必要があり、5年程度で減価償却して再購入を繰り返していくのが一般的です。自社資産として購入するので有形固定資産は**固定資産税（償却資産）**の対象となります。

2 プライベートクラウド

設置場所やコンピュータリソースは、**プライベートクラウド提供業者**より提供されたものを利用します。顧客専用に用意されるリソースなので、一般的には最低契約年数の制限が課されることもあります。広い意味では、レンタルサーバなどもこれにあたります。自社の資産として購入しているわけではないので、固定資産税（償却資産）の対象とはなりません。

❸ パブリッククラウド

設置場所やコンピュータリソースは、**パブリッククラウド提供業者**より提供されたものを利用します。提供されるリソースは、**マルチテナント**で利用することが前提となっており、つまり、顧客独自の仕様で**コンピュータリソース**が用意されるのではなく、提供業者の用意したメニューから顧客が**必要なリソースを選んで利用する**という形式です。リソースの自由度は下がりますが、契約期間の制限や一定期間ごとのリプレイスといった煩わしさから解放されます。もちろん資産ではありませんので、固定資産税（償却資産）の対象とはなりません。

パブリッククラウドは、プライベートクラウドとは比較にならない規模で全世界に提供されています。海外展開を考えている場合、同じ仕組みでシームレスに日本も海外拠点でも利用できるというメリットもあります。さらに、**世界3大パブリッククラウド**[3]はそれ自体の規模ゆえに、新たなデファクトスタンダードを作り出すまでになっています。

本書ではパブリッククラウドの中でも世界シェアNo.1の**Amazon Web Services（AWS）**について説明します。

1.1.1 メリット

ではまず、AWS利用のメリットから見てみましょう。

❶ アジリティ（機敏性）の向上

以下のような理由により、システムとしてのアジリティが向上します。それにより、ビジネスの機会損失の回避、計画期間の短縮、失敗時の撤退負荷軽減などの効果があります。

3　世界3大パブリッククラウド：Amazon Web Services（AWS）、Microsoft Azure（Azure）、Google Cloud Platform（GCP）の3つを指す。

①投入までの時間が短い

オンプレミスでシステムを構築のときは、ハードウェアとソフトウェアの見積りを取得して、発注して、ハードウェアとソフトウェアが届いてから構築して、インストールして・・・という具合になるかと思います。

AWSは1クリックの感覚でサーバを立ち上げることができます。必要なときに必要なだけ、すぐに利用できるのです。

②初期費用不要

オンプレミスでシステムを構築するときは、まずハードウェアとソフトウェアを購入する必要があります。リースという方法もありますが、その場合は5年契約などの分割払いになり、途中解約する場合でも費用がかかってしまいます。AWSは、**リセラーに注文**[4]して使い始めるだけです。

③伸縮自在

AWSは、利用開始後に必要な分のリソースを追加することが可能です。最初は小さく作り、ビジネスが拡大してきたらスケールアウトすればいいのです。これにより、綿密なサイジングが要らなくなり、計画の短縮効果や、スモールスタートできることにより撤退時のリスクも軽減することができます。

2 コストメリット

①稼働時しか費用がかからない

オンプレミスでは、導入時にハードウェアを購入する必要があるため、購入後は、起動していても停止していてもコストは変わりません。電気代くらいは節約できるかもしれませんが、基本的には購入時にコストが決まってしまいます。

しかしクラウドの場合、データを格納するストレージ Amazon

4　リセラーに注文:AWSと直接契約することも可能だが、クレジットカードでの決済が必要。また構築作業などは自分で行う必要があるため、日本では構築作業も請け負うリセラー経由での利用が一般的。

Elastic Block Store（Amazon EBS）（12.5　ストレージ系サービス）は、Amazon EBSを導入した時点で費用が発生しますが、Amazon Elastic Compute Cloud（Amazon EC2）（12.3　コンピューティング系サービス）は、起動している時間だけ課金されます。例えば、開発用のサーバなど24時間稼働し続ける必要がないサーバや、タイムセールを実施してその時間だけサーバ負荷が上がるなどの場合、必要なときだけ稼働することによって費用を抑えることができるのです。

③テクノロジーの進歩による値下げ

AWSでは、2020年12月時点までに80回以上の値下げを実施しています。これは、日々進化するテクノロジーによって同様の性能の実現に必要な費用が下がるためです。AWSはその規模メリットにより大量のリソースの新陳代謝が繰り返されることによって、このコストメリットを享受できます。削減された費用は、利用者へも値下げという形で還元されています。

④運用コストの削減

オンプレミスでは、一般的なハードウェアは5年毎にリプレイスする必要があるため、時間をかけて計画し、構成を検討し、見積りを取ります。ソフトウェアは何も変更する必要がないのに、ハードウェアの保守切れのためだけにリプレイスが必要になる場合もあるかと思います。また、運用担当者が24時間365日待機し、ハードウェアの故障の度にデータセンターに呼び出され部品交換作業に立ち会うなど、このような人件費も決して軽微とはいえません。AWSであれば、5年ごとのリプレイスは必要ありません。ハードウェアに故障が生じても、自動的に別のハードウェアに切り替わり稼働します。もう夜中にタクシーを飛ばしてデータセンターに行く必要などありません。

3 新たな価値の創造

①最新の技術を簡単に利用できる

AWSでは、2020年には40を超える新サービスのリリースやアップデートがありました。オンプレミスは、機器を購入した後は、基本的にはハードウェアを変えるような大きな変更は避けられます。しかしAWSであれば、これまで実現していなかった新しい技術が実現されると、いち早くサービスとして提供してくれることでしょう。

②データレイクとして活用

AWSにデータを集めることは、単純に安全で安価な**データ保管**[5]ができるということだけではありません。**データレイク**という考え方を紹介します。データレイクは文字通りデータの湖です。データを一か所にまとめることによって、これまで気づきもしなかった関連性に気づいたり（**データマイニング**）、機械学習によって精度の高い予測を行ったりといった一連のデータ活用を、AWSのサービスを使って容易に行えるようになります。AWSはそのように設計されているのです。

③開発基盤の提供

AWSは、サービスを提供するだけではなく、そのサービスを使って開発する方法も提供しています。それを利用することで、利用者は独自のアプリケーションを効率よく開発することができます。

④さまざまなサービスの提供

AWSでは、さまざまなサービスが提供されています。例えば電話のコールセンターを作るサービス**Amazon Connect**[6]（12.15　カスタマーエンゲージメント系サービス）というものがあります。Amazon Connectは、従来のコールセンターと比べると最大80%削減という破格の費用で利用できます。データを蓄積するストレージ**Amazon Simple Storage Service（Amazon S3）**（12.5　ストレージ系サービス）、文字を音声に変換する**Amazon Polly**[7]（12.14　機械学習系サービス）、サーバを使用せずに処理を実行する**AWS Lambda**（12.3　コンピューティング系サービス）を組み合わせ、あとは、Amazon Connectで電

5　データ保管：Amazon Simple Storage Service（Amazon S3）にデータを保存することにより0.025USD/GBという低価格にも関わらず99.999999999%のデータ耐久性を維持できる。Amazon S3はAWSサービスの根幹を成すストレージサービス。

6　Amazon Connect：AWSが提供するクラウドコンタクトセンター。電話を受けフローに従って自動メッセージを流したりオペレーターに繋いだりすることができる。

7　Amazon Polly：AWSの文字読み上げサービス。AIを利用して文章をリアルな音声に変換できる。上記、Amazon Connect等と組み合わせて、文字のシナリオをしゃべらせたりすることが可能。

話を受ければコールセンターのできあがりです。AWSのサービスは、日々新しく生み出されています。

1.1.2 デメリット

AWS利用にはメリットがたくさんありますが、当然デメリットもあります。

①ハードウェアを持ち込めない

これは当然といえば当然なのですが、**自前のハードウェア**[8]を持ち込むことはできません。例えば、メインフレームのようなハードウェアをAWSに持ち込むことはできません。そのようなハードウェアをどうしても利用する必要がある場合は、オンプレミスとのハイブリッド構成を検討する必要があります。

②コストの確定が難しい

AWSは基本的には**従量課金**[9]です。オンプレミスのように購入時に5年間の総費用を決めることはできません。これは、使った分だけ支払えばよいというメリットの別の側面ともいえます。

③自由度の低下

オンプレミスでは基本的に、費用を考慮しなければ何でも実現できます。

AWSでは提供されているサービスを選択して使用するので、思い通りに何でも実現できるとは限りません。ただし、オンプレミスでAWSと同レベルの可用性や安定性を実現するためには、一体どれだ

---

8 自前のハードウェア：ハードウェアは持ち込めませんが、最近ではF5 Networks、Palo Alto Networksといったメジャーなネットワーク機器メーカーなどが、仮想アプライアンスとしてAmazon EC2で動作するイメージをAWS Marketplaceで販売しておりAWSでも利用できるようになっている。

9 従量課金：リセラーによっては固定額で提供が可能な場合もあるかもしれませんが、その場合は、通常のコストに加えリスクの考慮が上積みされるので、一般的に割高になる。

10 Amazon Relational Database Service（RDS）：AWSが提供するリレーショナルデータベースサービス。Oracle、Microsoft SQL、MySQL、PostgreSQLといったメジャーなRDBMSをSaaSとして利用できる。

11 マネージドサービス：AWSが管理を行い利用者側がOS、ミドルウェアなどの管理をする必要がないSaaS。

けの費用がかかることでしょう。

④バージョン固定ができない場合がある

Amazon Relational Database Service（RDS）[10]（12.7　データベース系サービス）のようなAWSの**マネージドサービス**[11]では、サポートされるバージョンはAWSによって決められます。一定の猶予期間の後は自動的にアップデートされてしまうため、古いバージョンをそのまま使うといったことは基本的にできません。もっとも、強制的にバージョンが上げられるのはソフトウェアの製造元がサポートを打ち切る場合などなので、本来であれば自前でサーバを建てる場合であってもバージョンアップを実施すべきものではあります。

⑤サービス終了リスク

サービスである以上、クラウド提供会社の経営上の理由などによりサービスを打ち切る可能性はゼロではありません。このリスクを回避する最も有効な手段はよりメジャーなパブリッククラウドサービスである3大パブリッククラウドを利用することだと考えます。さらにリスクを減らすのであれば、それらをマルチクラウドで利用することです。ただし、複数のクラウドを利用するためにはそれぞれのクラウドを接続するネットワーク利用料やそれぞれの仕組みを理解したり仕組みを作ったりするための運用コストなどが増すことになります。これはクラウド利用時にしっかり**BCP計画**として定めておきたい事柄です。

1.2 目標を定める

パブリッククラウドを検討する目的はなんでしょうか？ 単純なコンピュート基盤としてのコスト削減だけでしょうか？

「1.1　クラウド利用のメリット・デメリット」に書きましたが、AWSの利用メリットは、**「1. アジリティの向上、2. コストメリット、3. 新たな価値の創造」**にあると考えます。何も検討せず、オンプレミスの代替えとしてIaaS利用するだけでもコストメリットを得られることはありますが、オンプレミスとクラウドではそもそも考え方が違うので、クラウドの価値を享受したいのであれば**オンプレミス脳**を**クラウド脳**に切り替える必要があります。

オンプレミス脳

・5年間の成長を考えて多めに買っておこう
・将来を見越して収支を算出してからじゃないと実行に移せない
・今から5年後のリプレイスを考えておかないと
・ディスクはRAIDを組まないとデータ飛んじゃうよ
・バックアップや監視の仕組みを作らないとなぁ
・作業はデータセンター（DC）に行かないとできない
・監査はDCに行ってやらないとだめでしょ
・AI深層学習を試したいけど結構イニシャルがかかるなぁ
など

クラウド脳

・今必要なものだけ最小限で契約しよう（必要になったらそのときに拡張すればいい）。また、クラウドでは如何にシステム全体に影響が出ないようにリソースを停止させるかがコスト削減のカギになる（止めておけばコストはかからない）
・まずは小さく始めてみてダメだったら早期撤退（やらなきゃ分からないこともあるでしょ）
・ハードウェアのリプレイスはないから純粋にシステムとしての寿命あるいは戦略的投資を計画すればよい
・Amazon EBS[12]は最初から冗長化されているので、必要な容量をアサインするだけ

12 Amazon EBS（12.5 ストレージ系サービル）：Amazon EC2やAmazon RDSのストレージ。Amazon EBSはそれ自体が冗長化されているので、別途RAID等を組む必要はない。また、スナップショット機能を利用することである時点のAmazon EBSの状態をAmazon S3に保管することができる。VMwareのスナップショットと違って別のストレージ（Amazon S3）にコピー保管されるところもポイント。
https://aws.amazon.com/jp/ebs/

13 Amazon CloudWatch（12.13　セキュリティ、アイデンティティ、コンプライアンス）：AWSのフルマネージド監視サービス。監視項目（メトリック）に対してアクションを指定でき、例えばシステムダウン時に自動再起動といったアクションも簡単に組むことができる。
https://aws.amazon.com/jp/cloudwatch/

・監視は **Amazon CloudWatch**[13]、バックアップは **AWS Backup**[14] が利用可能。どちらもAWSのサービスとして提供されている
・パブリッククラウドではそもそもDCがどこにあるかも明かされていない。DCに行って何をするの？ 全ての作業はネットワークを通じオンラインでできる
・DCには入れないので監査を現地でという考えはない。その代わり、**AWSコンプライアンスプログラム**[15] で安全性を保障されている。別途審査する必要はない
・AWSでAI深層学習サービスが出たからとりあえず、1週間だけ試しに触ってみよう（コストはわずかだ）
など

いかがでしょうか？ オンプレミス脳になっていませんか？

では、システム特性によるパブリッククラウド利用を検討してみましょう。

現在オンプレミスで動作している全てのリソースが、パブリッククラウドに適しているというわけではないかもしれません。一般的には、DCで運用されている汎用サーバは、ほぼクラウド化が可能だと考えます。一方、工場に設置されている制御用サーバなどは注意が必要です。理由は、ネットワーク遅延を許さない、一瞬のネットワーク切断も許さない、TCP/IP以外の通信規格を利用しているといった場合、クラウド化は難しいです。このような場合は、フルクラウド構成ではなくオンプレミスとのハイブリッド構成を検討すべきです。

このようにシステム特性を理解した上で、無理にフルクラウドに移行

---

14 AWS Backup：AWSのフルマネージドなバックアップサービス。Amazon EC2、Amazon RDSだけでなく、さまざまな他のAWSサービスのバックアップにも対応しており、バックアップの一元管理および自動化を容易にする。
https://aws.amazon.com/jp/backup/

15 AWSコンプライアンスプログラム：AWSでは第三者認証によりその安全性を証明している。
https://aws.amazon.com/jp/compliance/programs/

するのではなく、より費用対効果の高いクラウド化手法を検討すべきです。

クラウド化手法を検討するためのシステム特性の分類は、おおよそ次の3種類に分類されます。

❶ クラウド化に向いているもの（クラウド化を検討）

・社外向け Web サービス
・社内向け IT サービス（勤怠管理、会計、資産管理等）
・情報分析基盤（DWH、BI、ログ解析等）
・B2B、B2C 自社開発システム

❷ クラウド化に向かないもの（オンプレミス残留を検討）

・工場の機器制御（ネットワーク要件が合わないもの）
・オンプレミス側にないと意味がないもの（ネットワークアクセラレータ、キャッシュ等）

❸ 改修が必要なもの（費用対効果により検討）

・**メインフレームや非 x86 アーキテクチャ**[16]で動作しているもの

---

16 メインフレームや非 x86 アーキテクチャ：IBM AIX、HP HP-UX、Oracle SPARC Solaris など。

17 OS：Amazon EC2 では主に Microsoft Windows および Red Hat Enterprise Linux などがサポートされている。
https://aws.amazon.com/jp/ec2/features/#Operating_systems/

18 FT サーバ：全てのパーツを多重化することにより単一障害ではシステムダウンしないように設計されたハードウェア。AWS では、このような高耐障害性の単一サーバは用意されていません。その代わりに、複数のサーバで構成することで、どれかが故障してもシステムとしては動作し続けるようにアプリケーションを設計することが必要になる。

19 共有ディスクを使ったクラスタシステム：クラスタソフトウェアの中には、FC や iSCSI などで共有ディスクを作り、クラスタがフェイルオーバをしたときに、共有ディスクのマウント先を変えるといった仕組みを使っているものがある。こういった仕組みは AWS 上では構成できない。その代わりに、ディスクのミラーリングによるクラスタ構成は可能。また、Amazon RDS などサービスの一部として冗長化をサポートしているものもあるので、冗長化が必要な場合は、まずはマネージドサービスの検討をお勧めする。

・AWSがサポートしていない**OS**[17]を利用しているもの
・**FTサーバ**[18]などハードウェアで冗長性を担保しているもの
・**共有ディスクを使ったクラスタシステム**[19]
など

「1．クラウド化に向いているもの」に関しては、ほぼ手を加えることなく、第3章で述べるリロケートやリホストなどの手法で簡単にクラウド化が可能だと考えます。また、クラウドへの最適化を行うことで、さらなるコスト削減や効率化が可能なシステムといえます。

「2．クラウド化に向かないもの」については、残念ながらその仕組みが必要である以上、オンプレミスに残すべきものです。

「3．改修が必要なもの」に関しては、第3章で述べる**リプラットフォーム**、**リパーチェス**、**リファクタ**といったコストのかかる移行が必要なものです。今後も利用する予定であり、改修費をかけても経済合理性があるならば実施すべきです。逆に、止めようと思えば止められる、1年後に使用をやめることが決定しているなど、近い将来の廃止が見えているならば**リテイン**、**リタイア**といった選択肢を選ぶべきです。

この本を読み終えるころには、この章のテーマである「目標を定める」について、どこに目標を定めるべきかを検討する力がついているはずです。

では、次節へとお進みください。

1.3 2025年の崖

2025年の崖という言葉を聞いたことがあるでしょうか？

最近はテレビCMでもDXという言葉をよく聞くようになりました。でも、そもそもDXとは何か？　という問いに対しては、明確に答えられる人は少ないように思います。

「2025年の崖」というのは2018年に経済産業省が発表したDXレポート～ITシステム「2025年の崖」克服とDXの本格的な展開～という公開文書に出てくる言葉です。かなりショッキングな言葉で表現されていますが、それだけ国としても危惧しているということです。

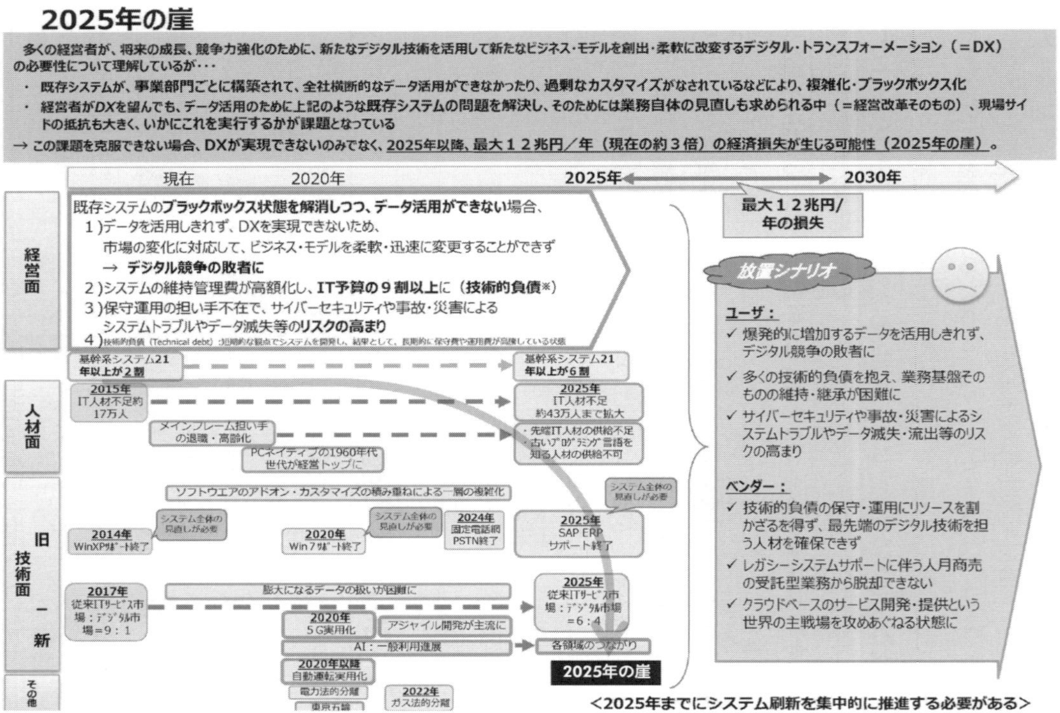

2025年の崖

多くの経営者が、将来の成長、競争力強化のために、新たなデジタル技術を活用して新たなビジネス・モデルを創出・柔軟に改変するデジタル・トランスフォーメーション（＝DX）の必要性について理解しているが・・・

- 既存システムが、事業部門ごとに構築されて、全社横断的なデータ活用ができなかったり、過剰なカスタマイズがなされているなどにより、複雑化・ブラックボックス化
- 経営者がDXを望んでも、データ活用のために上記のような既存システムの問題を解決し、そのためには業務自体の見直しも求められる中（＝経営改革そのもの）、現場サイドの抵抗も大きく、いかにこれを実行するかが課題となっている

→ この課題を克服できない場合、DXが実現できないのみでなく、2025年以降、最大１２兆円／年（現在の約３倍）の経済損失が生じる可能性（2025年の崖）。

現在　2020年　2025年　2030年

最大１２兆円/年の損失

経営面

既存システムのブラックボックス状態を解消しつつ、データ活用ができない場合、
1)データを活用しきれず、DXを実現できないため、
市場の変化に対応して、ビジネス・モデルを柔軟・迅速に変更することができず
→ デジタル競争の敗者に
2)システムの維持管理費が高額化し、IT予算の９割以上に（技術的負債※）
3)保守運用の担い手不在で、サイバーセキュリティや事故・災害による
システムトラブルやデータ滅失等のリスクの高まり
4)技術的負債（Technical debt）:短期的な観点でシステムを開発し、結果として、長期的に保守費や運用費が高騰している状態

基幹系システム21年以上が２割 → 基幹系システム21年以上が６割

人材面

2015年 IT人材不足約17万人 → 2025年 IT人材不足 約43万人まで拡大
メインフレーム担い手の退職・高齢化 → ・先端IT人材の供給不足 ・古いﾌﾟﾛｸﾞﾗﾐﾝｸﾞ言語を知る人材の供給不可
PCネイティブの1960年代世代が経営トップに

技術面 旧－新

ソフトウエアのアドオン・カスタマイズの積み重ねによる一層の複雑化
2014年 WinXPｻﾎﾟｰﾄ終了（システム全体の見直しが必要）
2020年 Win７ｻﾎﾟｰﾄ終了（システム全体の見直しが必要）
2024年 固定電話網PSTN終了
2025年 SAP ERPサポート終了（システム全体の見直しが必要）
2017年 従来ITｻｰﾋﾞｽ市場：ﾃﾞｼﾞﾀﾙ市場＝9：1 → 2025年 従来ITｻｰﾋﾞｽ市場：ﾃﾞｼﾞﾀﾙ市場＝6：4
膨大になるデータの扱いが困難に
2020年 5G実用化
アジャイル開発が主流に
AI：一般利用進展 → 各領域のつながり

その他

2020年以降 自動運転実用化
電力法的分離
2022年 ガス法的分離
東京五輪

2025年の崖

放置シナリオ

ユーザ：
- ✓ 爆発的に増加するデータを活用しきれず、デジタル競争の敗者に
- ✓ 多くの技術的負債を抱え、業務基盤そのものの維持・継承が困難に
- ✓ サイバーセキュリティや事故・災害によるシステムトラブルやデータ滅失・流出等のリスクの高まり

ベンダー：
- ✓ 技術的負債の保守・運用にリソースを割かざるを得ず、最先端のデジタル技術を担う人材を確保できず
- ✓ レガシーシステムサポートに伴う人月商売の受託型業務から脱却できない
- ✓ クラウドベースのサービス開発・提供という世界の主戦場を攻めあぐねる状態に

<2025年までにシステム刷新を集中的に推進する必要がある>

https://www.meti.go.jp/shingikai/mono_info_service/digital_transformation/pdf/20180907_01.pdf

●図 1-3-1　経済産業省 DX レポート ～IT システム「2025 年の崖」克服と DX の本格的な展開～　より

今、世界中でDXの波が起きています。今までは**ユニコーン企業、デカコーン企業**[20]などといわれる急成長ベンチャー企業を中心に進んでいたDXですが、その波は全ての産業、全ての企業に波及しようとしています。

例えば、紙の書類をやめて電子化するなどのように、DXはただIT化をすればいいと思われている方もいらっしゃるかもしれません。しかし、それは本当の意味でのDXではありません。

では、名刺を電子化してファイルサーバに保存できるようにしました。さてこれは、DX化といえるでしょうか？

いいえ、違います。

では、名刺管理にクラウドサービスを導入して顧客企業の経済ニュースと連携し、いち早く顧客の状況を把握できるようにする、あるいは、キーパーソンの昇進や異動などをオンラインで随時確認できるようにする、というのはどうでしょう？

これぞ**DXといえる**と思います。現在では、このようなサービスを提供している企業は複数あります。DXの定義は、一言でいうと、**デジタル技術を活用して新たな価値を生み出すこと**です。

DXは単なる効率化ではなく、その産業自体の構造を変えてしまうほどのインパクトを秘めています。名刺管理を例にしましたが、今はまだ紙の名刺の需要は減っていないかもしれません。しかし数年後には、もはや紙の名刺など誰も利用していない、という可能性もあるわけです。それによって、紙の名刺を作る仕事はなくなっているかもしれません。

世界で熾烈なDX競争が行われている中、日本はどうなっているのでしょうか？

日本の企業の情報システム部門の多くは、未だにハードウェアのお守りをし、5年ごとのリプレイス計画に多くの時間と体力を消費しているのではないでしょうか。

また、これまではコストがかかるという理由でリプレイスが先送りに

---

20 ユニコーン企業：創業してからの年数が浅く（10年以内）、企業価値評価額が高い（10億ドル以上）未上場ベンチャー企業。
デカコーン企業とは、ユニコーン企業の中で特に企業評価額が100億ドルを突破している企業。

なってきた**レガシーシステム**の維持もとうとう限界にきています。システムは**ブラックボックス化**し、メンテナンス専任の要員だった団塊ジュニアたちも次々と引退、もはやリスクしかない状態になっているといえます。これが、2025年の崖なのです。

経済産業省の文書では以下のような警鐘を鳴らしています。

・レガシーシステムの放置によるメンテナンスコストの増大、メンテナンス要員が確保できず停止、セキュリティリスク発生

・DXの乗り遅れにより競争力を失う

また、それらの対策についても提言されています。

・クラウドサービスなどを活用したレガシーシステムの構成に変更。維持のためにかかるコストを削減する

・削減できたコストをDXに投資。DXに対応できる人材にスキルチェンジする。

もちろん、**言うは易く行うは難し**なのは言うまでもありません。しかし、日本企業は既に待ったなしの状態まで追い込まれているのです。

1.4 Mode2という考え方

開発・運用には以下の2つのタイプがあります。

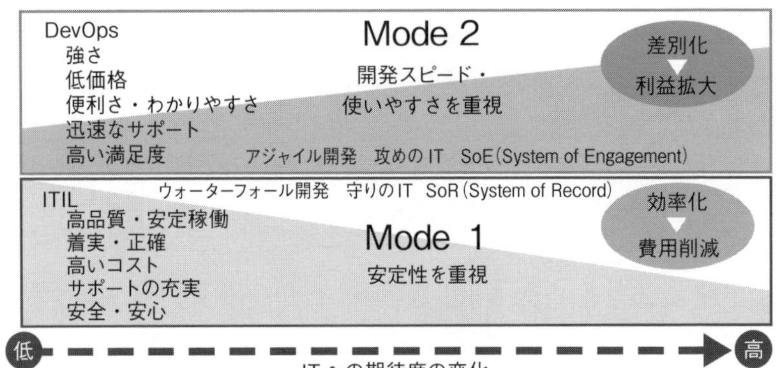

●図1-4-1　開発・運用の2つのタイプ
https://d1.awsstatic.com/events/jp/2020/summit/sponsor/PDF/Fujisoft_Solution_20200731.pdf

① **Mode1（ウォーターフォール開発・ITIL 運用）**

最初に全ての設計を行いその通りに開発を行い、運用ではひたすら性能の維持に努めるという言わば守りのスタイルです。

② **Mode2（アジャイル開発・DevOps[21]）**

最初に全てを設計するのではなく、部分開発と部分運用を行ったり来たりしながら、目標のシステムに近づけていく試行型の開発・運用手法で、言わば攻めのスタイルです。

DX 時代において、Mode1 は競争力的に厳しい状況にあるといえます。今後は動きの速いビジネスには Mode2 が主流になると考えます。

Mode2 では、開発を開始した時点では全てのリソース設計が終わっていません。よって、オンプレミスで構築する場合、ハードウェア、ソフトウェアの逐次購入という運用保守上面倒な処理が必要になるかもしれません。その点においても必要なリソースを必要なときに投入できるクラウドは、Mode2 開発に適しているといえます。AWS では、**DevOps** を行うための**環境が全てサービス**[22]として提供されています。

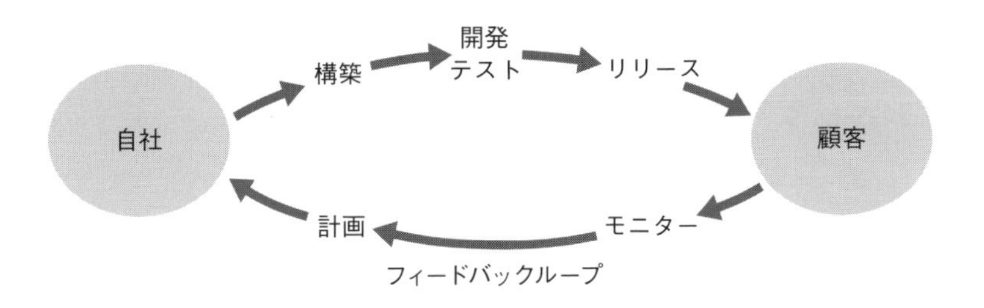

●図 1-4-2　Mode2 開発のイメージ

21 DevOps：開発と運用を同時に検討し継続的な開発リリースを可能にする開発・運用手法。

22 環境が全てサービス：AWS には Code シリーズと呼ばれる AWS CodeStar（統合 CI／CD プロジェクト管理サービス）、AWS CodePipeline（ソフトウェアリリースワークフローサービス）、AWS CodeBuild（コードのビルドとテスト自動化サービス）、AWS CodeDeploy（デプロイの自動化サービス）等包括的なサービスが用意されている。

1.5 クラウド導入の障壁

最近ではクラウド利用がだいぶ浸透してきてはいますが、まだまだ社内には抵抗勢力があるかもしれません。ここではそういった事例を、各役割に分けて説明します。

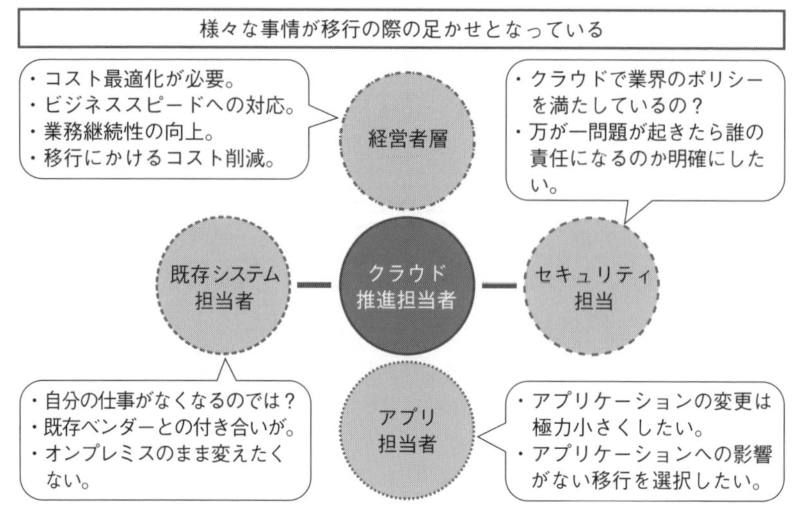

●図 1-5-1　クラウド導入の障壁

❶ 経営者層

クラウド化に舵を切るのは、会社にとって大きな決断です。当然、決済者は経営者層になると思います。経営者層のビジョンをしっかりと確認し、方向性が合っていることを確認しましょう。また、経営者層は常に、費用対効果を気にしていることも忘れてはいけません。たとえビジョンの実現が可能だったとしても、それに対してどれだけのコストがかかるのかを算出できていなければ、経営者層が承認することはないでしょう。経営者層を説得するためには、第２章で述べるようにTCOをしっかり試算して現行の環境と比較しても経済合理性があるか、それ以上の価値の創出が可能であることを示す必要があります。

❷ 既存システム担当者

既存のオンプレミスシステムを運用している担当者の中には、クラウド化を望まない方もいらっしゃいます。理由はさまざまですが、クラウド化のための新しい技術を習得することをためらったり、あるいはクラウド知識の欠如から漠然と不安を感じていたり、場合によっては、オンプレミスベンダとの関係性を考慮して現状を維持する、などもあります。ネガティブな理由で過去にとらわれていることも多いのです。経営者層の意見がはっきりクラウドに向いているのであれば、担当者も選択を迫られます。自ら新しい技術を習得するか、あきらめて退場するかの2つに1つです。前に進むことを決意したのであれば、ぜひ「第11章　教育」を参考にしてください。

❸ セキュリティ担当者

セキュリティという概念は、オンプレミスとクラウドではいささか異なります。オンプレミスでは全ての責任を自社で取る必要があるのに対し、クラウドでは責任共有モデルと呼ばれる責任の区分があります。例えば、建物への入館制限はクラウドの場合、クラウド提供業者側の管理責任となり、クラウド提供業者はそれを適正に管理している証拠として第三者機関の認証を示すといった具合です。詳しくは「第8章　責任とセキュリティ」で説明します。

❹ アプリケーション担当者

大企業では、アプリケーション開発とインフラ管理を別の担当者が行っていることが一般的かと思います。クラウド化の推進はインフラ部隊が進めることが多いのではないでしょうか。注意しなくてはいけないのは、本来、AWSのようなクラウドでは、インフラとアプリケーションの区分はありません。Amazon EC2のようなIaaSだけを使ってシステムを組むのであれば、インフラ担当者でも設計は可能かと思いますが、それではクラウドのほんの一部しか活用できません。Amazon RDS、AWS Lambda、Amazon DynamoDB（12.7　データベース系サービス）といった豊富なサービスを利用してこそクラウド利用の真価を享受することができるのです。ですので、クラウド化を進めるときにはぜひ、アプリケーション担当者と一緒に検討していただきたいと思います。

1.6 クラウドへの移行の流れ

クラウド移行を検討するときには3つのフェーズがあります。アセスメント、移行計画立案、移行実施／運用です。

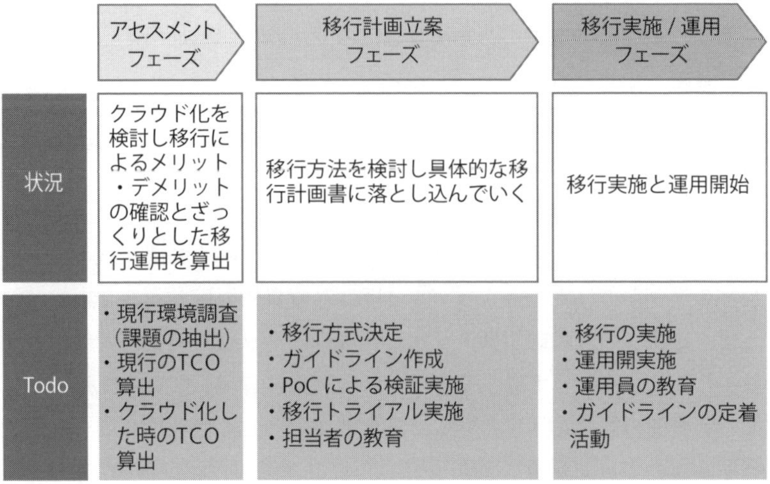

	アセスメントフェーズ	移行計画立案フェーズ	移行実施 / 運用フェーズ
状況	クラウド化を検討し移行によるメリット・デメリットの確認とざっくりとした移行運用を算出	移行方法を検討し具体的な移行計画書に落とし込んでいく	移行実施と運用開始
Todo	・現行環境調査（課題の抽出） ・現行のTCO算出 ・クラウド化した時のTCO算出	・移行方式決定 ・ガイドライン作成 ・PoCによる検証実施 ・移行トライアル実施 ・担当者の教育	・移行の実施 ・運用開実施 ・運用員の教育 ・ガイドラインの定着活動

●図 1-6-1

1 アセスメントフェーズ

このフェーズでは、クラウド化によるメリット・デメリットと費用対効果の検討を行います。現行の環境を調査して、持っているシステムがクラウド化に向いているのか？ ビジネスに必要な環境はクラウドなのか？ などの確認と、移行にかかる費用、移行後にかかるランニングを含む TCO の算出を行います。この時点では移行の詳細についてはまだ決められる状況にないと思いますが、一般的にはこの時点で決済者の判断が入ると思います。

❷ 移行計画立案フェーズ

このフェーズではいったん、決済者によりクラウド化の方針が決まっていることが前提となります。一般的にアセスメントに比べて費用もかかります。より詳細な調査を行い、移行方式を決めたり、不明点に関してはPoC環境を構築して検証を行ったりして、ある程度確信が持ててから、移行トライアルといった実践に近い検証を行っていきます。その過程で必要な人的対応として、担当者の教育も忘れてはいけません。AWSに限らず、クラウド化は言わば**クラウド文化への変革**ですので、「オンプレミス脳」から「クラウド脳」に切り替えるには教育が必要です。教育という意味でもガバナンスという意味でも、このフェーズでクラウド利用のガイドラインを作ることが有効です。

❸ 移行実施／運用フェーズ

このフェーズでは、移行を実施していきます。一般的には、システム単位で移行して運用に入る、を繰り返すことが多いです。中には全システムの切り替えを一気に行う例もありますが、100台を超えるようなシステムの場合、かなり入念なプランを練らないと難しいと思います。運用フェーズに入っても移行計画立案時に作成したガイドラインが、運用担当者の教育に活用できます。教育は一度限りではなかなか定着しないので、継続的にハンズオンなどを実施することをお勧めします。

クラウド移行のおおまかな流れを説明しましたが、いかがでしたか？クラウドの知識が十分でない場合などは、**少し難しそうだ**と感じられた方もいらっしゃったかもしれません。

でも、**ご安心ください**。そういう不安の声やサポートのご要望をよく耳にするため、AWSやSIer各社から、この3つのフェーズをそれぞれ支援するサービスを提供しています。まずは、弊社のようなAWS製品を取り扱うSIerに問い合わせてみてはいかがでしょうか。

第2章 コスト試算

既存システムの更改時、更改にかかる費用、更改後にかかる費用は更改を決定するための大きな要因になります。

システムを維持する際に発生する費用、システムを移行する際に発生する費用を適切に比較し、移行計画を策定することが重要です。

2.1 現在の TCO の算出

既存システムを更改する際には、現有基盤での更改、新基盤への更改共に多額の費用が発生します。そのため、更改時にかかる**初期費用（イニシャルコスト）**と**維持費用（ランニングコスト）**を算出し比較することが重要です。

比較のためには、現行システムの**総所有コスト（TCO）**を算出して比較することになります。

この比較の際には、更改先のプラットフォームが異なっても、同じ項目で適切に比較する必要があります。いわゆる、**Apple to Apple** です。

TCO の算出と更改前後のコスト比較の必要性について述べました。では、TCO を算出する際に、どのようなことを検討すべきなのでしょうか。

先ほど述べた通り、TCO を算出する際に考慮すべきなのは、イニシャルコスト、ランニングコストを算出するということです。

下記にそれぞれのコストで発生する費用を記載します。

（1）イニシャルコスト	
費用名	備考
①ハードウェア購入費用	ー
②ライセンス購入費用	OS データベース ソフトウェア クラウド製品
③移行費用	アプリケーション改修 インフラ改修
（2）ランニングコスト	
費用名	備考
①データセンター利用費用	ー
② AWS 利用費用	ー
③回線費用	ー
④ライセンス費用	ー
⑤運用費用	人件費 外注費（外注している場合）

2.2 利用サービスの検討

AWS の**東京リージョン**では、2021/01/06 時点で 167 のサービスが提供されています。全世界に目を向けると 190 以上のサービスが提供されています。

AWS のリージョン別のサービスは、以下に記されています。

https://aws.amazon.com/jp/about-aws/global-infrastructure/regional-product-services/

IaaS、PaaS、SaaS さまざまなサービスが提供されていますが、代表的なサービスとしては **Amazon S3、Amazon EC2、Amazon RDS** などが挙げられます。

AWS が提供するマネージドサービスをうまく活用することで、**OS 更改、パッチ適用、障害対応**といった運用上で負担のかかる業務を AWS にアウトソースすることが可能です。

そのため、構成するシステムに応じて適切なサービスを選択することで、**小さなコストで大きな成果を得る**ことが可能になります。

移行という観点でも同様です。移行対象となるシステムを精査し、後述の「第3章　移行方法の検討」で記載している、移行方法を適切に選定することでさまざまなメリットを得られます。

AWSを利用する際には様々なサービスを検討することをお勧めします。

2.3 AWS利用料の試算

AWSは従量課金制のサービスです。利用するサービスにより費用が定められており、サービスを利用した分の料金が発生します。

サービスにより無料利用可能枠が存在します。検証用途での一時的な利用であれば無料利用枠内で収まることもあります。

詳細は下記のドキュメントをご参照ください。

❶ AWS無料利用枠

https://aws.amazon.com/jp/free/?all-free-tier.sort-by=item.additionalFields.SortRank&all-free-tier.sort-order=asc

では、実際にAWSを利用する場合にどのように利用料を見積もるのか説明します。

利用料を見積もる際にはAWSが公開している、AWS Pricing Calculatorを利用します。

❷ AWS Pricing Calculator

https://calculator.aws/#/

AWS Pricing Calculatorでは、利用するサービスを選択し利用条件を入力していくことでAWS利用料を算出することが可能です。

上述のURLからWebページにアクセスすると、AWS Pricing

Calculator の Top 画面が表示されます。

Create estimate と表示されているボタンをクリックすることで利用料を算出するための Web ページを表示できます。

その後、利用するサービスを検索し条件を入力することで利用料の算出が可能です。

2.4 移行費用の試算

AWS に移行する際に移行にかかるコストを洩れなく算出することが重要です。

移行費用には、移行時に発生するイニシャルコストと移行後に発生するランニングコストが存在します。

それぞれのコストでどのようなコストが発生するのかは「2.1　現在の TCO の算出」にて説明しました。

では、上述のコストはどのように算出すればよいのでしょうか。

ここで重要となるのは、**移行方法**です。移行方法とは、現システムをどのような手段を用いてどのような形で移行するのかということです。

移行方法によって既存システムの改修の大きさが変わり、移行にかかる費用も大きく変わります。

では、次章にて**移行方法の検討**について説明します。

第3章 移行方法の検討

この章では移行手法について検討していきます。移行手法により、移行費用、移行後に得られる効果に大きな違いがあります。費用対効果をよく検討して、移行方式を決定していくことが重要です。

3.1 移行の 7R

移行方式は7つに分類することができ、全てRで始まるため**移行の 7R** と呼ばれています。

移行方式	説明	移行コスト	ビジネス効果
リロケート（Relocate）	場所を換える	小	小
リホスト（Rehost）	ホストを替える		
リプラットフォーム（Replatform）	乗せ換える		
リパーチェス（Repurchase）	買い替える	大	大
リファクタ / リアーキテクチャ（Refactor/Rearchitecting）	作り変える	大	大
リテイン （Retain）	現状維持（塩漬け）	ー	ー
リタイア （Retire）	廃止	ー	ー

●図 3-1-1　移行の 7R の各コストとビジネス効果

移行コストと得られるビジネス効果を比較すると、一般的に上表のような特性があります。リロケート、リホストはほとんど手を入れることなくシステムを移行でき移行費用は低くすみますが、効果は限定的です。**リパーチェス、リファクタ／リアーキテクチャ**は移行費用がかかりますが、クラウドのメリットを最大限に活用することができます。

費用をかけてでも最適化を実施するかは、そのシステムの将来性、ビジネス的な重要度により判断すべきです。リテイン、リタイアはこの際、廃止してしまうまたは、近い将来廃止予定のものなどに適用します。

また、それぞれのシステム領域ごとに向いている移行方式を表すと以下のようになります。**基幹系**は一般的に**パッケージソフトウェア**を利用していたり、カスタマイズを行っていたりする関係上、**IaaS**を利用することが多いです。**顧客接点（B2C、B2B）**、**情報系（DWHなど）**に関しては、ものにもよりますが、**PaaS**の利用がお勧めです。**経費精算**、**勤務管理**といった**コモディティIT**に関しては積極的に**SaaS**を利用することによりコスト削減が図れるでしょう。既存のアーキテクチャのまま変更したくないものに関しては、**リロケート**での**VMware Cloud on AWS（VMC on AWS）**[23]へ移行が可能です。そして最も注力すべき領域は、イノベーション領域です。この領域はDXそのものであり、しっかりと計画を練って実現していく必要があります。

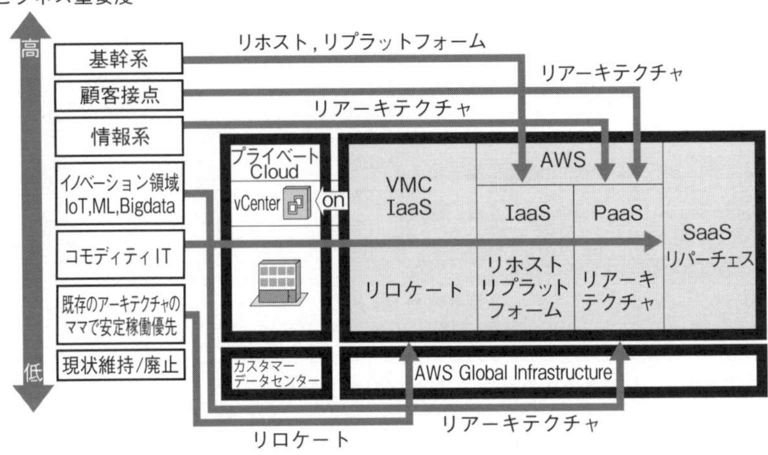

●図3-1-2　移行の7RとAWSサービスの相関図

---

23 VMware Cloud on AWS（VMC on AWS）：AWSのハードウェアを使いVMwareが提供しているサービス。オンプレミスでVMware vSphere仮想基盤を利用している場合、同じ使用感でクラウド化が可能。
https://aws.amazon.com/jp/vmware/

それぞれの移行方法について具体的な手法を確認していきましょう。

3.2 リロケート…場所替え

リロケートは、**VMC on AWS** が発表されたことでできた言葉です。VMC は AWS と **VMware** の共同開発で作られました。AWS のベアメタルインスタンス（ハードウェア）を利用し VMware が **VMware vSphere 仮想基盤**をサービスとして提供します。オンプレミスでもおなじみの VMware 仮想基盤ですので、使い勝手はオンプレミスとほぼ変わらず、最小 2 台[24]のハードウェア構成から利用することができます。利用は、VMware のサブスクリプションを購入する方法と、AWS の利用料として支払う方法の 2 通りが用意されています。

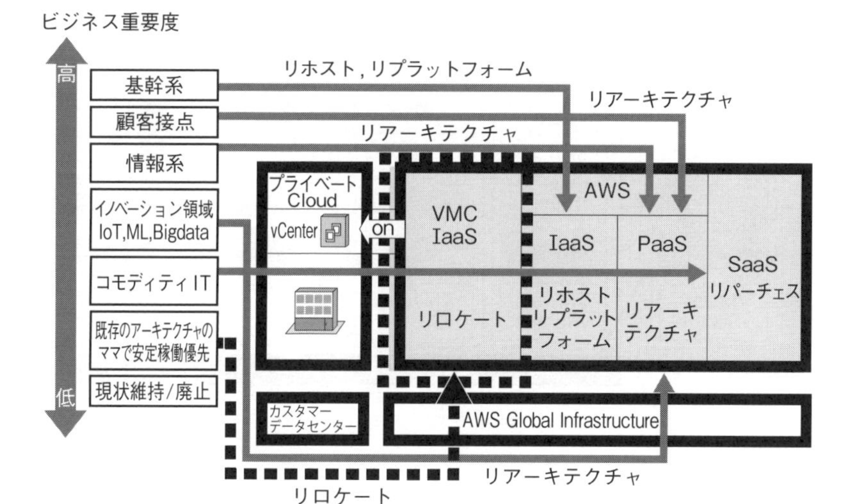

●図 3-2-1 リロケート

24 最小台数：標準構成では 3 台から。2 台構成の場合は一部制約がある。また、評価を目的とした 1 台構成での利用は最大 30 日間可能です。期間内であればそのまま本番環境にアップグレードすることも可能。

VMC on AWSの特徴としては以下の点があげられます。

・オンプレミスのVMwareと同じ使用感
・いつでもホスト単位での追加削除が可能
・オンプレミスのVMware vSphere基盤との間でL2延伸が可能（IPアドレスの変更が不要）
・オンプレミスのVMware vSphere基盤から**VMware Hybrid Cloud Extension（VMware HCX）**[25]**により vSphere vMotion（vMotion**[26]**）ライブマイグレーション移行が可能**
・AWSの他のAmazon Virtual Private Network（VPN）と25Gbpsの高速接続が可能
・移行コスト、移行期間が短い

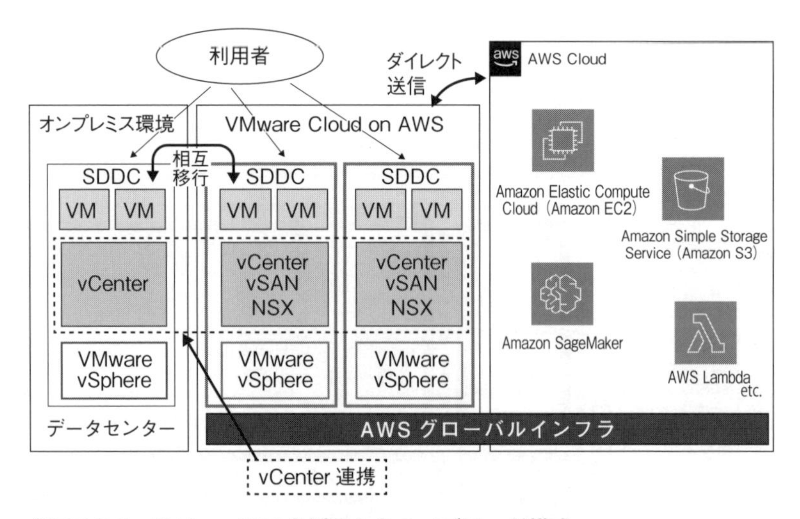

●図3-2-2　VMC on AWSを活用したハイブリッド構成

25 VMware Hybrid Cloud Extension（VMware HCX）：オンプレミスのVMware vSphere基盤とVMware Cloudをシームレスに接続することを目的に開発されたソリューション。
https://vmc-field-team.github.io/labs-jp/hcx-lab-jp/

上記の通り、**リロケート**はオンプレミスの **VMware vSphere 基盤**から **vMotion** で行えるため、移行コストは極めて低くなるのが特徴です。その反面、中身は何も変わらないので、クラウド化によって劇的に何かが変わるというわけではありません。

用途としては、ハードウェアの**サービス終了（EoS）**などにより、急遽、代替環境への移行が必要になった場合の**リフト＆シフト移行**における工期短縮や、構成は変えたくないがシステムに季節性があり利用台数が大きく変動する場合などが当てはまると考えます。

リロケートによって得られるメリットは以下の通りです。

・ハードウェアのメンテナンス対応からの解放

・必要に応じて即座にホスト数の増減が可能

・AWS 基盤に載っているので **AWS ネイティブサービス**の利用も容易

3.3 リホスト…ホスト替え

リホストはオンプレミスで物理ハードウェアまたは **VMware、Hyper-V** といった仮想基盤上で動作しているサーバを、**OS イメージ**ごとコピーして **Amazon EC2** に移行する方式です。OS イメージごとコピーしているのでアプリケーションの再インストールなどは不要です。感覚的にはバックアップから別のマシンにリストアするといった方法が一番近いかもしれません。

26 vSphere vMotion（vMotion）：稼働中の仮想マシンを別の物理サーバへ、ダウンタイムなしで移行できる技術。
https://www.vmware.com/jp/products/vsphere/vmotion.html

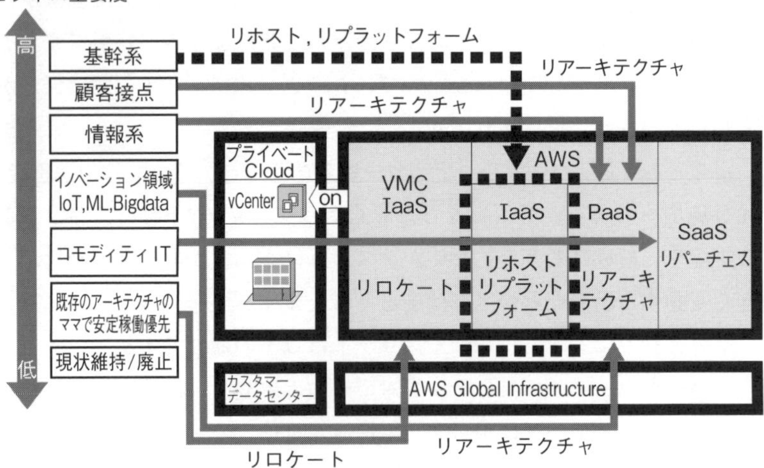

●図 3-3-1　リホスト

リホストには複数の手法があります。メジャーな方法としては以下の3つがあり、それぞれ特徴があります。

手法	特徴	停止時間
CloudEndure による移行	・オンプレミスのサーバは物理でも可能 ・オリジナルサーバにエージェントのインストールが必要 ・オリジナルのサーバからインターネットに対してアクセスできることが必要 ・データコピーはDirectConnectなどの閉域を通すことが可能	短
AWS Server Migration Service による移行	・オンプレミスのサーバは、VMwareまたはHyper-Vで仮想化されている必要がある ・オンプレミスの仮想基盤にAWS Server Migration Connectorの仮想アプライアンスをインストールする必要がある ・AWS Server Migration Connectorは、ハイパーバイザーに対して制御権が必要 ・AWS Server Migration Connectorからインターネットへアクセスできる必要がある ・データ転送は基本的にはインターネット経由で行われる	中

次ページへ続く

AWS Snowball および VM Import による移行	・既存の仮想基盤からOVFエクスポートを行いAWS Snowballで物理的にデータを移送する ・VM ImportでOVFをEC2 AMIに変換す	長

●図 3-3-2　リホストの手法と特徴

それぞれの手法について説明します。

❶ CloudEndure Migration による移行

CloudEndure Migration は移行元サーバが物理サーバの場合、唯一のリホスト方法になります。移行元サーバにエージェントをインストールする必要があります。WebUIから操作できて簡単です。イメージコピーは移行元サーバをサービス状態のまま行うことができるため、停止が必要になるのは、本番切り替え前の静止点を取るタイミングだけです。また、一度同期してしまえば、差分転送を行うため転送時間も短くなります。移行先サーバの作成が速いといった特徴もあります。停止時間が短くて済み、自由度が高いため、ネットワーク経由の移行が可能なら、どうしても移行元サーバにエージェントをインストールしたくないといった理由がない限り、この方法をお勧めします。

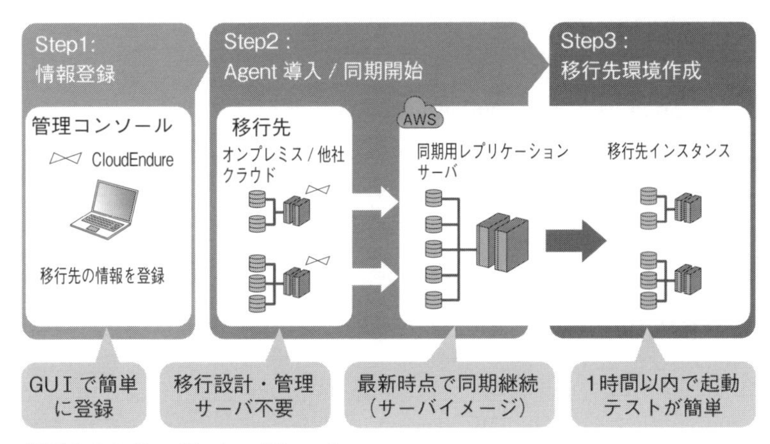

●図 3-3-3 CloudEndure Migration

❷ AWS Server Migration Service（SMS）による移行

CloudEndure Migration の登場により **AWS SMS** を利用することは減りましたが、移行元サーバが仮想環境である場合、エージェントを入れずに移行できるというメリットがあります。**CloudEndure Migration** 同様、WebUI から簡単に操作が行え、移行元のサーバを起動したままイメージコピーが可能です。差分転送が行われますが、内部的には VMware 側でスナップショットを取得、データを **Amazon S3** に転送、VM Import を実行して **Amazon マシンイメージ（AMI）**[27] を作成という動きをしているため、移行先サーバの作成には CloudEndure Migration より時間がかかります。

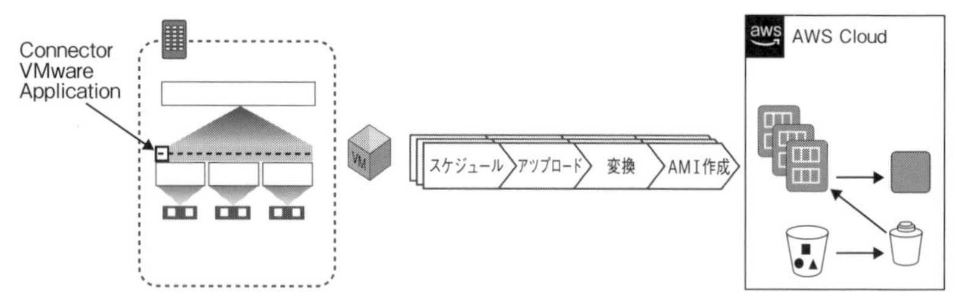

●図 3-3-4　AWS Server Migration Service（AWS SMS）

❸ AWS Snowball および VM Import による移行

CloudEndure Migration、AWS Server Migration Service がネットワーク経由での移行を前提にしているのに対し、この方式は **AWS Snowball** という物理ストレージを DC に持ち込んでイメージコピーを行うという特徴があります。インターネット回線の敷設が難しい場合や、**ペタバイト級**の大量のサーバを移行したい場合などには検討の価値

27 Amazon マシンイメージ（AMI）：Amazon EC2 用の仮想マシンファイルフォーマット Open Virtualization Format（OVF）のようなもの。AWS から提供される OS イメージや、持ち込んだ OS イメージを保存する際の仮想マシン設定情報を含む OS イメージです。バックアップを取得するときにもこの形式で保存される。

があります。ただし、この方法でサーバを移行するためには、移行元がVMware または Hyper-V で構成されている必要があります。

移行の流れとしては、

① 既存の仮想基盤で OVF 形式の仮想マシンイメージを出力します。

↓

② OVF ファイルを AWS Snowball にコピーし、AWS に移送します。

↓

③ AWS Snowball の発行、移送処理は AWS マネージドコンソールから実施します。

↓

④ AWS Snowball が AWS に到着すると Amazon S3 の指定したバケットにデータをコピー

↓

⑤ コピーが終わったら VM Import を実行して AMI を作成します。

他の方法に比べて手作業が多く煩雑です。このような大量なデータがある場合は、サーバの移行とデータの移行を分けて考えた方がよいと思います。

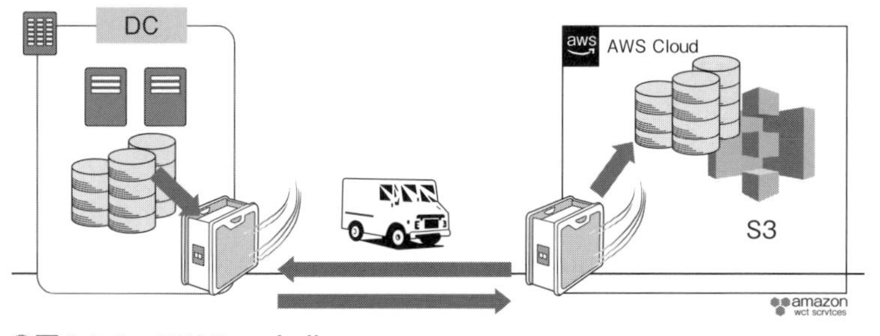

●図 3-3-5　AWS Snowball

3.4 リプラットフォーム●●・乗せ換え

リプラットフォームは、**リロケート**やリホストのように**OSイメージ**そのものを持っているわけではありません。例えば、OSやミドルウェアのバージョンが古くサポートが終了してしまう場合や、DBだけPaaSを利用したい場合などが対象になります。

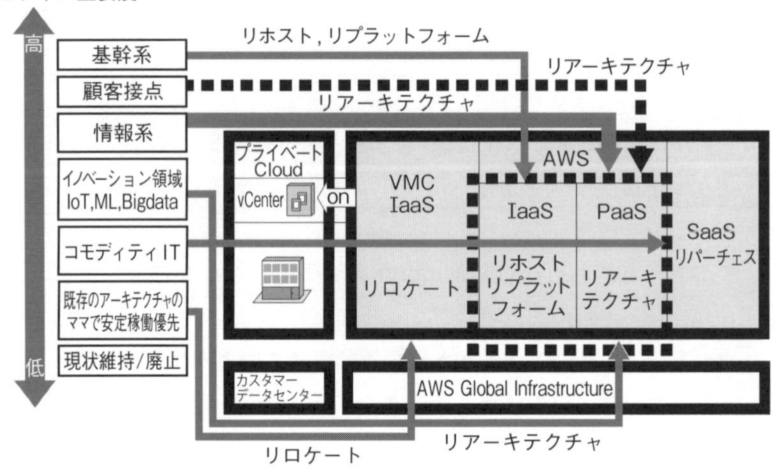

●図 3-4-1　リプラットフォーム

アプリケーション自体は同じ機能で基本的には変更しないのですが、OSやミドルウェアあるいは、**Amazon RDS 化**によって一部アプリケーションを改修する必要があるかもしれません。その意味では、リプラットフォームとリファクタ／リアーキテクチャの境界は曖昧です。OSやミドルウェアのバージョンを上げる場合は基本的には新規にAWS上にサーバを建てて、ミドルウェア、アプリケーションをインストールすることになります。また、データベースを**Amazon RDS**にするにせよ、**Amazon EC2**上で再構築するにせよ、データ移行を別途行う必要があります。

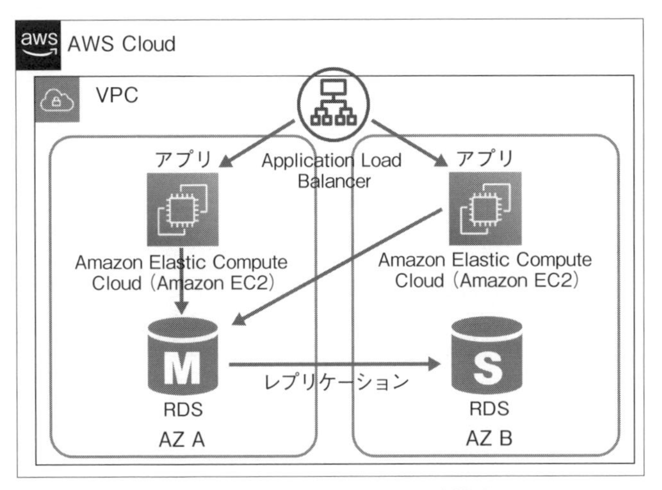

●図 3-4-2　Amazon RDS を利用した一般的構成

❶ サーバ再構築のポイント

せっかくサーバを再構築するのであれば、**AWS サービス**を使ってできるだけ簡単に再構築するのがよいと考えます。AWS では **AWS で最適に動作**するようにカスタマイズされた各種 OS の **AMI** が **AWS Marketplace** から利用可能です。他に AWS の公式はないが、**コミュニティ AMI** という形で提供されている AMI も存在します。コミュニティ AMI は有志による AMI なので、保証はありませんが、発行元が Amazon のものに関しては AWS サポートでも対応してもらえます。例えば、**Microsoft SQL サーバ**をインストール済みの **AMI** などがそれに該当します。この AMI を利用すると Microsoft SQL サーバのライセンス料も Amazon EC2 の利用料に加算されて請求されるので、別途 Microsoft SQL サーバライセンスを購入する必要はありません（執筆時点）。

また、構築の方法も **AWS CloudFormation**[28]（10.2　標準化）などを利

28 AWS CloudFormation：基盤構成をコードで管理する Infrastructure as Code を実現するためのサービス。AWS の各リソースの構築を定義することによって自動で作成することができる。

用することによって、同じような構成をたくさん作ることが容易になりますし、ミスも減らすことができます。

❷ データ移行のポイント

データベースの移行は古くから、**Oracle**なら**Data Pump**、**PostgreSQL**なら**Pg dump**といった定番の移行ツールがありますが、AWSでは**AWS Database Migration Service（AWS DMS）**[29]（12.2　移行計画・実施・マネジメント）という移行サービスが用意されています。AWS DMSは移行元DBをサービス状態のまま同期を行うので、停止時間を短くできるというメリットがあります。

3.5 リパーチェス●●・買い替え

リパーチェスは**買い替え**を意味します。例えば、今までは自前の勤怠管理システムをフルスクラッチで開発していたとします。しかし昨今では、勤怠管理はSaaSで提供され、有用なパッケージソフトウェアが存在します。このような場合、今後も自前で開発するのか、サービス利用に乗り換えるのかといった検討するのがよいと考えます。第2章でもお伝えしましたが、DX推進のためには身軽さが重要です。勤怠管理などはコモディティITの代表例とも言えますので、この際、リパーチェスを検討されてはいかがでしょうか。

---

29 AWS Database Migration Service（AWS DMS）：AWSのデータベース移行サービス。AWS Schema Conversion Tool（AWS SCT）と併用することでOracleからPostgreSQLといった異種データ移行を可能。
https://aws.amazon.com/jp/dms/

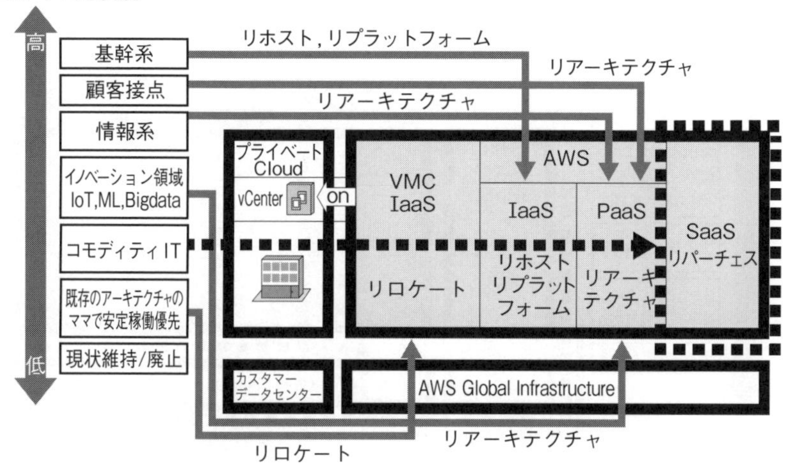

●図 3-5-1　リパーチェス

3.6 リファクタ／リアーキテクチャ…再設計

リファクタ（コードの書き直し）／リアーキテクチャ（構成変更）は、やりたいことは現行と変わらないが、中身を作り変えるという意味です。広義ではリホストでも**負荷分散装置**を **Elastic Load Balancing（ELB）**[30]（7.3　負荷分散）に置き換えたり、リプラットフォームでデータベースを Amazon RDS に置き換えたりした場合はリアーキテクチャといえなくはないのですが、ここでいうリアーキテクチャはもっとダイナミックに変更することを想定しています。

30 Elastic Load Balancing（ELB）：AWS の負荷分散サービスの総称。その中に特徴の異なった Application Load Balancer（ALB）、Network Load Balancer（NLB）、Gateway Load Balancer（GWLB）、Classic Load Balancer（CLB）と 4 つのサービスがあり、用途に分けて利用することにより効率的な負荷分散を実現する。
https://aws.amazon.com/jp/elasticloadbalancing/

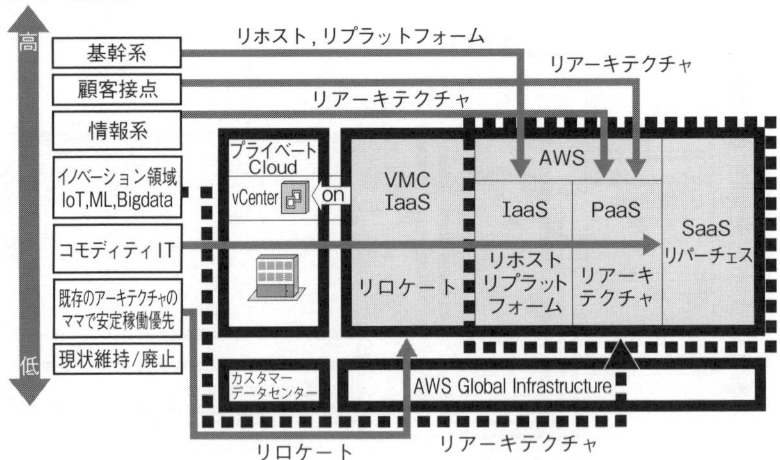

●図 3-6-1　リファクタ／リアーキテクチャ

下図を見ると Amazon EC2 が 1 台もなく、見慣れないアイコンが並んでいると思います。サーバ（Amazon EC2）が 1 台もないのでサーバレス構成と呼ばれています。

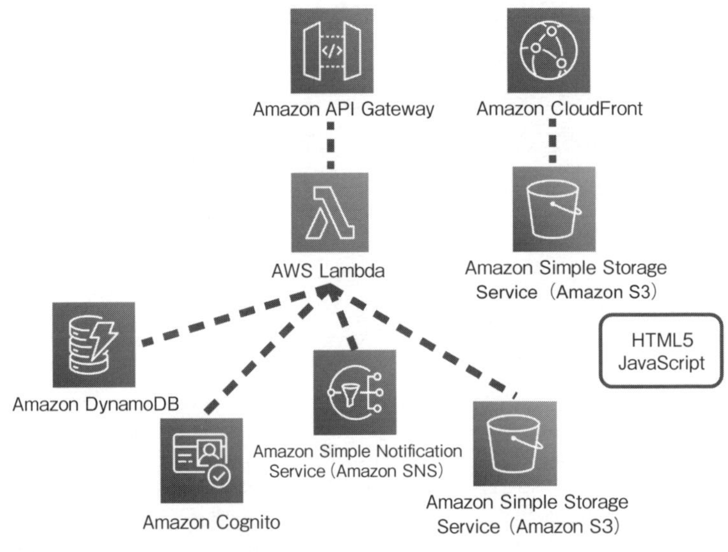

●図 3-6-2　サーバレス構成の例

この例は、モバイルアプリケーションのバックエンドサービスを想定した構成例です。構成を説明します。

Amazon API Gateway（12.11　サーバレス系サービス）はモバイルアプリケーションからの通信を受け取る受け口の役割を持っています。アクセス数のスロットリングや認証といった処理を行うことができます。

AWS Lambda は **Amazon EC2** に相当します。これまでは、サーバを立てて、OS をインストールし、ミドルウェアを載せた上で Java などのアプリケーションが動作していたかと思います。AWS Lambda はフルマネージドな**コード実行環境**です。標準で **Java、Go、PowerShell、Node.js、C#、Python、Ruby** といったさまざまなコードを実装でき、独自の言語で実行させることもできます。Amazon API Gateway から呼ばれたときだけ立ち上がり、処理が終われば消滅します。コストがかかるのは、コードを実行している間だけです。

Amazon DynamoDB は、フルマネージドな **KVS（Key-Value Store）**に分類される **NoSQL データベース**です。大変高速に読み書きができ、アクセス量に応じて自動でスケールアウトします。

Amazon Cognito は認証のためのユーザプールを管理し、Amazon や Facebook などとの認証フェデレーションをサポートするフルマネージドな**認証サービス**です。Amazon Cognito の認証情報を利用し、Amazon API Gateway で認証処理を行うことが可能です。

Amazon Simple Notification Service（Amazon SNS）はフルマネージドな**通知サービスです**。モバイルアプリケーションに対してポップアップさせる、E メール通知などが行えます。

Amazon S3 は Amazon EC2 のバックアップ保存先としても登場しましたが、今回の利用は Web サイトの静的コンテンツ置き場として利用しています。Amazon S3 はそれ単体でも **HTTP サーバ**として機能し、Web サイトを構築可能です。今回は Amazon CloudFront を組み合わせさらにスケーラビリティを上げています。

Amazon CloudFront は AWS が提供するフルマネージドな **CDN（Content Delivery Network）**です。Amazon CloudFront は世界中にエッジロケー

ションと呼ばれる配信ポイントを持っていて **Amazon Route 53**[31]（12.4 ネットワーキング系サービス）と組み合わせることによって一番近いエッジロケーションから配信するといった仕組みを簡単に構築できます。

◆サーバに対する考え方が変わりましたか？

繰り返しになりますが、**サーバレスアーキテクチャ**ではユーザリクエストを待ち受けているときにはサーバに相当する AWS Lambda に課金されていないところがポイントになります。AWS Lambda はアサインしたリソース量、実行した時間で課金されるため、サーバ型とサーバレス型のコスト比較をすることは難しいですが、待ち受け時間が長ければ長いほどサーバレアーキテクチャに利があるのは明白です。あるモバイルゲーム系のお客様ではコストが 1/10 になったという話も聞きました。

また、AWS Lambda のようなサービスを **FaaS**（**Function as a Service**）とも呼びます。Function= 機能ごとに疎結合にシステムを組み上げることにより**改修範囲**を小さくでき、開発サイクルを上げることができます。こういったアプローチを**マイクロサービス化**といい、第 2 章で説明した **Mode2 開発**の開発効率の向上にも有効です。

3.7 リテイン●●・現状維持

リテインは**現状維持**の意味です。つまり、移行は実施しません。この判断を下すのは、このシステムの重要度、今後の利用価値などを検討した結果、移行コストと見合わないという判断に至った場合です。

具体的には AWS ではサポートされない OS で動いている、または、特殊なハードで動作しているようなシステムで既に主力ではなく、限定的な利用をしているような状況が考えられます。例えば、現在は旧会計システムから新会計システムへの移行が完了しているが、時々、「旧会

31 Amazon Route 53：AWS が提供するフルマネージド DNS サービス。単なる DNS の機能の他に、ヘルスチェック機能を備えており、一番ユーザの拠点から一番レイテンシの低い IP アドレスを応答させたり、別のリージョンに配置された Web サーバにロードバランスをさせたりといった機能もある。

計システムを調べる必要が生じる」といった要望をいただくことがあります。このような、旧会計システムは既にサポートが切れたOSを使用しており、その上、AWSでもサポート対象外の場合には、データの保全を対応した上で、現在のハードウェアが故障するまではそのまま保持しておくといった判断もありうると考えます。

●図 3-7-1　現状維持のイメージ

3.8 リタイア ●●・廃止

リタイアはシステムを廃止することを意味します。システムを多く抱える大企業では、既にリテイン状態で運用を続けているシステムの廃止時期をなかなか決められないことがあります。使用者が明確に把握できないなど、停止の影響が測れないといった話なども聞きます。このようなシステムは、このままリテインを維持するのか、廃止するのかを検討することも必要になります。

ある例ですが、1,000台規模のクラウド移行を計画したとき、仕分けの結果、200台程度のサーバを止めても影響がないことが判明しました。このように、オンプレミスの基盤をリプレイス、さらにリプレイスを重ねで現状維持を繰り返し、何かトラブルが発生したら困るからと、実際には使用していないサーバであっても運用し続けてしまいます。そのようなネガティブな理由で維持し続けた結果、運用コストの膨張を生んでしまっている、そんな状況に陥っていないでしょうか。

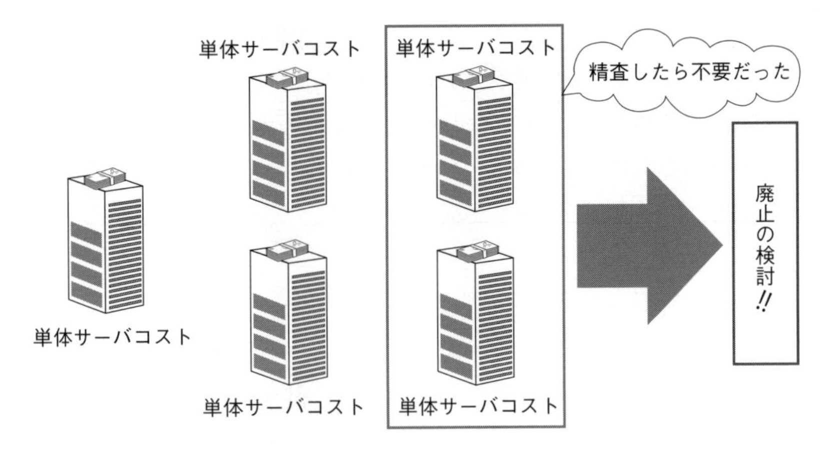
単体サーバコスト
単体サーバコスト
単体サーバコスト
単体サーバコスト
単体サーバコスト
単体サーバコスト
精査したら不要だった
廃止の検討!!

●図 3-7-1　廃止の検討

第4章 クラウド化成功のためのガイドライン作成

「1.6　クラウドへの移行の流れ」でも述べましたが、クラウド化が迷走しないためにガイドライン作成は非常に大切です。どのような内容をどのような体制でどのように進めればよいのか順を追って説明します。

4.1 ガイドライン作成の範囲

この本を読んでくださっている方は、どのような立場の方でしょうか。企業の情報システム部門や経営部門のDX推進担当等でしょうか？ それとも、アプリケーション開発者？ または、インフラ周辺のご担当でしょうか？

これまでの日本の企業のIT担当は、概ねインフラはインフラ担当者、アプリケーション開発はアプリケーション開発担当者、と担当する組織が異なるのが一般的でした。既にお気づきのことかとは思いますが、クラウド化による真のメリットを得るためには、アプリケーション開発者だけ、インフラ担当者だけ、などクラウド関連の一部のスペシャリストが頑張るだけでは不可能なのです。

近年、SRE（Site Reliability Engineering）という考え方が、徐々に社会に浸透してきています。当社の顧客にもSREを担当されている方がおります。クラウド環境に置いてシステムの信頼性を上げるためには、これまでのようなインフラによる可用性の担保では不十分なのです。ソフトウェアを開発する企業が、クラウド環境でどのように可用性を担保するのかを考慮する必要がありますし、運用ではDevOpsの必要性が高まります。これは、クラウドを使ったアジャイル開発では必然です。そうならなければ、開発が終了してもソフトウェア開発者がそのまま運用を続ける羽目になり、体制が破綻するのではないでしょうか。

クラウド化のメリットを完全に享受するためには、ダイナミックな改編が必要になるかもしれません。全くクラウド関連に携わってこなかった方が、ある日突然、クラウド担当になる、なども当然起こりうると思います。実際には、一度にクラウド化を進めるのではなく、段階的にクラウド化し、使用者にシステムを開放していくといったやり方が一般的なようです。リフト&シフトとよく言われますが、リフトの時点ではリプラットフォームくらいまでをターゲットとして、クラウド利用に慣れてから本格的なリアーキテクチャを進めるというやり方です。

ガイドライン作成についても作成し始める前にどこまでを今回の範囲にするかを決めておくとよいでしょう。いきなりリアーキテクトの検討をし始めると、おそらくは収拾が付かず、ガイドライン作成に1年以上などという事態に陥るかもしれません。

4.2 ガイドライン作成の体制

ガイドライン作成にはアプリケーション開発者とインフラ担当者、運用担当者といった関係者がそれぞれ参加すべきです。現状のやり方から、どう改善していくべきなのかよく検討してください。もうひとつ大事なことは、話を取りまとめる役割です。**CCoE（Cloud Center of Excellence）**と呼ばれるクラウドについてのベストプラクティスを提供し、話し合いを主導します。場合によっては、経営者層との調整、社内セキュリティ規約の確認等さまざまな対応が必要になることがあります。CCoEなくしてガイドラインの作成は不可能です。

筆者らも、AWSの**プロフェッショナルサービス**[32]や他のSIerと同様のサービスを提供しております。

---

32 プロフェッショナルサービス：ガイドライン作成やアーキテクチャ検討支援などを有償で実施するAWSのサービス。

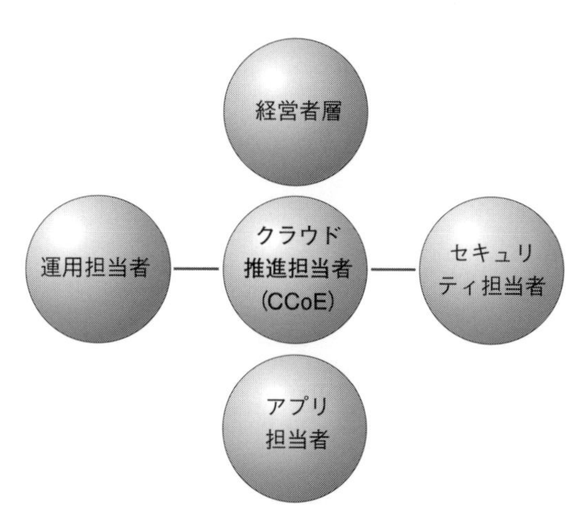

●図 4-2-1　関係者

4.3 ガイドライン作成の進め方

一般的なガイドラインの主な内容は「アーキテクチャ」「セキュリティ」「運用」です。それぞれ、現行システムに対してクラウド化した場合にどのような影響があり、どのようにすればよりよいシステムになるのかを、テーマごとに検討を進めていきます。

ここでは、CCoE の役割が重要になります。外部の支援を使いながら実施する場合でも短くとも 3 か月は必要だと考えます。ガイドラインの作成完了までに 6 か月程度は予定した方が良いでしょう。

この間に、不明点に関して PoC の実施や、メンバーのクラウド知識向上のためにハンズオンを併用するのも有効です。

ハンズオンほか、教育に関しては、「第 11 章　教育」に記載しておりますのでご参照ください。

次章からは、少し実践的な AWS 利用について説明します。

第5章 AWSアカウントの開設のポイント

AWSを使い始めるためにはAWSアカウントを開設する必要があります。この章では、AWSアカウントの開設に関するあれこれについて説明します。

5.1 AWSアカウントの開設方法

AWSアカウントを開設する方法は以下の2通りです。

① AWSにオンラインで直接申し込む

② AWSパートナー[33]経由で申し込む

AWSアカウントはクレジットカードとEメールアドレスさえあれば、誰でも開設は可能です。しかし、直接申し込んで開設した場合は、基本的に計画、設計、構築、運用の全てを自分でやらなければなりません。

AWSパートナー経由で申し込む場合は、日本の商習慣に合った請求書払いが可能であり、アカウント開設やその後の計画、設計、構築、運用に至るまでAWSパートナーが手厚いサポートをしてくれることでしょう。企業利用ユーザではAWSパートナー経由の申し込みが一般的です。

5.2 AWSパートナーについて

AWSを利用するときに、自分で必要なことを調査し、有効な活用方法を考えていけるのであれば、わざわざAWSパートナーのサポートを

33 AWSパートナー：AWSパートナーネットワーク（APN）という仕組みがあり、AWS社だけではサポートしきれない顧客サポートを提供しています。
https://aws.amazon.com/jp/partners/

受ける必要はありません。しかし、AWSの技術は高度で知るべき情報は深く幅広く、そして日々新しい機能が追加されていきますので、その全てを網羅することは難しいです。

AWSでは、高度な技術とノウハウを持ったAWSパートナーと顧客をつなぐ**AWSパートナーネットワーク（APN）**という仕組みを構築しています。ぜひAPNを有効活用していただき、最適なAWSパートナーを見つけていただくことをお勧めします。

「**AWSパートナーを利用すると手数料を取られて損だ**」と考えがちですが、それは違います。AWSパートナーは、AWSに関連する付加価値を提供しその対価をいただいています。AWSサービスそのものの利用に対してマージンをいただくのではありません。

AWSパートナーは各社それぞれに特色があり、得意な技術や分野も違いますので、もし合わないと感じられたら、再度最適なAWSパートナーを探してみてください。

AWSパートナーは**テクノロジーパートナー**と**コンサルティングパートナー**の2つに分かれています。テクノロジーパートナーは、回線やセキュリティアプライアンスといった製品の提供を行うパートナーを指します。

コンサルティングパートナーは、SIer系パートナーとベンチャー系パートナーに分けられます。SIer系パートナーはSIを生業としていますので、システム化の検討から運用まで幅広くビジネスのサポートをしてくれることでしょう。一般的には付加価値に対する価格は高額[34]です。しかし、会社規模の大きなSIer系パートナーであれば、必要なときに、さまざまな高い技術を持つ、必要な人数の技術者を確保できるというのは、検討すべきポイントかと思います

ベンチャー系パートナーは会社規模が小さく、AWS専業の企業も多くあります。専業だからこそ、その分野におけるエキスパートなのです。付加価値に対する価格は比較的低額であったり、**値引き**[35]にも対応して

---

34 高額（SIer系パートナー）：一般的に、AWS利用料に対して10～15%程度の付加価値料金が多い。

35 値引き（ベンチャー系パートナー）：条件付きではあるが、AWS直接契約に対して5～15%の値引きをするプランがある。

いたりする場合がありますが、ベンチャーだから規模が小さいから、技術や品質に問題があって価格を下げているのではありません。

AWSコンサルティングパートナーには、**ティア（ランク）**があり、上から**プレミア**、**アドバンスト**、**セレクト**があります。最上位の**プレミアティアコンサルティングパートナー**[36]は2020年12月現在、日本では10社（全体では319社）のみで、筆者らの富士ソフトも含まれています。上位のパートナーほど実績も多く技術も洗練されているといえます。

その他、コンピテンシー、パートナープログラム、サービス認定といったパートナーの得意分野をAWSが認定する仕組みもあり、**パートナー情報**[37]から確認することができます。

さまざまな情報をご参考の上、どのようにAWSパートナーと付き合うかなどを検討いただいて、最適なAWSパートナーを探していただきたいと思います。

5.3 アカウント構成について

さて、どちらかの方法でAWSアカウント開設を行うと、すぐに運用開始になります。

実際に運用するとなると、部署ごとに請求を分けたい、部署ごとにアクセス制限をかけたいなどの要望が出てくると思います。

AWSアカウントを1つだけ構成し、その中に複数のシステムを構築することが可能です。請求をタグ付けして分けることも、一部のリソースを除いて可能です。**AWS Identity and Access Management（IAM）**（12.13 セキュリティ、アイデンティティ、コンプライアンス）という内部アカ

36 プレミアティアコンサルティングパートナー：以下のURLで確認することができる。
https://aws.amazon.com/jp/partners/premier/

37 パートナー情報：以下のサイトから条件を入力してパートナーを探すことができる。
https://partners.amazonaws.com/jp/

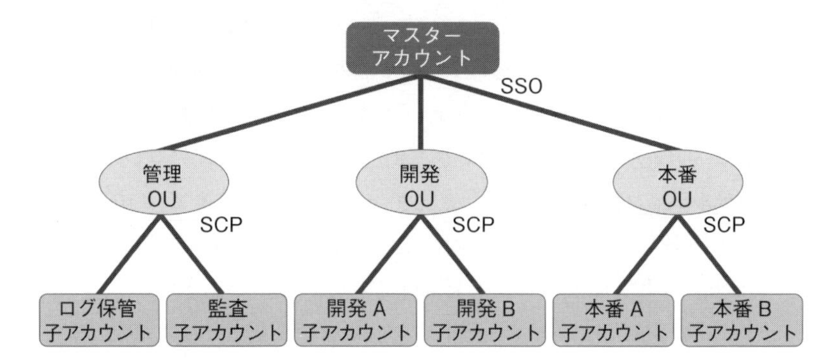

●図 5-3-1　AWS Organizations

ウントでAWSのリソースアクセスを制御することも可能です。ただし、それらは管理者にかなり頑張っていただく必要があり大変です。

そこで、最初から複数のAWSアカウントで構成することになります。現在は、用途ごとにアカウントを分けることが**ベストプラクティス**[38]とされています。

しかし、AWSアカウントを分けることによって問題が発生します。AWSアカウントは基本的に独立していて、それぞれに認証を管理する必要があります。そこで生まれたサービスが**AWS Organizations**と**AWS Single Sign-On（SSO）**（12.13　セキュリティ、アイデンティティ、コンプライアンス）です。

❶ AWS Organizations

AWS Organizationsを使うと、AWSアカウントの親子関係を設定できます。また、**組織的単位（OU）**で**SCP（Service Control Policy）**により、機能制限を設けることができます。また、AWS SSOを使うことによって、例えば、Microsoft Active Directory等の認証を使ってAWS Organizations内の全てのAWSアカウントにシングルサインオンを組

38 AWSマルチアカウント管理のベストプラクティス
https://aws.amazon.com/jp/builders-flash/202007/multi-accounts-best-practice/

むことが可能です。

OUは部門ごとに設定するのもいいでしょう。また、開発、ステージング、本番等で切り分けるのもいいと思います。「リソースの管理単位」「セキュリティ上の境界」「課金の分離単位」を意識するとよいでしょう。

AWS Organizationsを利用する上で1つ注意があります。AWSパートナー経由でのAWSアカウントを開設する場合に、マスターアカウントに対するアクセス権が利用できない場合があります。AWS Organizationsを利用する場合は、契約前にAWSパートナーに伝えましょう。

2 AWS IAM

次は、AWS IAMについてもう少し詳しく見ていきましょう。

AWSアカウントには、アカウント開設時に使用したメールアドレスがログインIDとなる**ルートアカウント**というものがあります。このアカウントIDは、全てのリソースをコントロールできます。しかし、権限が大きすぎるため、制限することができず、通常の運用では利用しません。**MFA**[39]を適用の上、厳重に管理します。その代わりに、IAMアカウントを利用します。

IAMアカウントはユーザID、パスワードおよび、MFAの設定、アクセス元のIPアドレスの制限等を設けることもできます。そしてアクセスできるリソースとそのリソースに対して可能な操作をこと細かに定義することができます。例えば、Amazon EC2の起動はできるが削除はできないといった権限を付与することも可能です。

39 MFA（Multi-Factor Authentication）：多要素認証。ハードウェアまたはソフトウェアによるワンタイムパスワード発行デバイスをAWSアカウントに紐づけることにより、このデバイスがないとログインできない仕組みを提供する。
https://docs.aws.amazon.com/ja_jp/IAM/latest/UserGuide/id_credentials_mfa.html

AWS IAMには

- IAMアカウント
- IAMグループ
- IAMロール
- IAMポリシー

という概念があり、IAMアカウントを定義するのがIAMポリシーです。同様の権限を全てのIAMアカウントに付与することもできますが、IAMグループを使うこともできます。IAMグループに複数のIAMポリシーを付与して、IAMアカウントをIAMグループに参加させるだけでよいので管理が楽になります。

IAMロールを特定のAmazon EC2インスタンスに対して適用すると、そのロールに紐づけられているIAMポリシーの権限でリソースを操作できます。例えば、Amazon EC2でバッチを動かし、Amazon S3に対してファイルを格納する場合に、IAMユーザのユーザ名、パスワードを保存するのは得策ではありません。AWSではAmazon EC2のインスタンスが特定できるので、そのインスタンスからであれば特定の操作を認めるといった設定が可能です。

第6章 クラウド利用の2大構成

この章ではクラウドを利用するにあたり、どのような構成がクラウドに向いているのか？という誰もの悩みのタネについて説明します。AWSではクラウドの利用者に向けて、クラウドに最適化されたシステム構成、高可用性、拡張性を取れるようにさまざまな設計パターンを、ベストプラクティスという形で用意しています。この章ではフルクラウド構成やハイブリッド構成等、その一部を紹介します。

6.1 フルクラウド構成

図6-1-1は、AWSにおける標準的なWebサイトの構成例です。フルクラウドで構成する場合に検討が必要なことは以下3点です。

①マルチAZ[40]

PoCであればそれほど重要ではないでしょうが、本番環境のワークロードでは、**耐障害性**を考慮する必要があります。AWSのAZでリソースを分散配置することよって耐障害を高める構成が理想的です。

②疎結合アーキテクチャ

各コンポーネント間を独立させることにより、障害が発生した際に問題の個所を特定しやすく、リソースの変更も一部に限定される

40 マルチAZ（Availability Zone）：マルチAZ構成は、複数のAZを使用するシステム構成を意味する言葉として用いられる。マルチAZ構成はAZの冗長化であり、マルチAZ構成を用いることによって1つのAZで障害が発生しても他の正常なAZを使用して稼働を継続できるため、システムの可用性を向上させることができる。

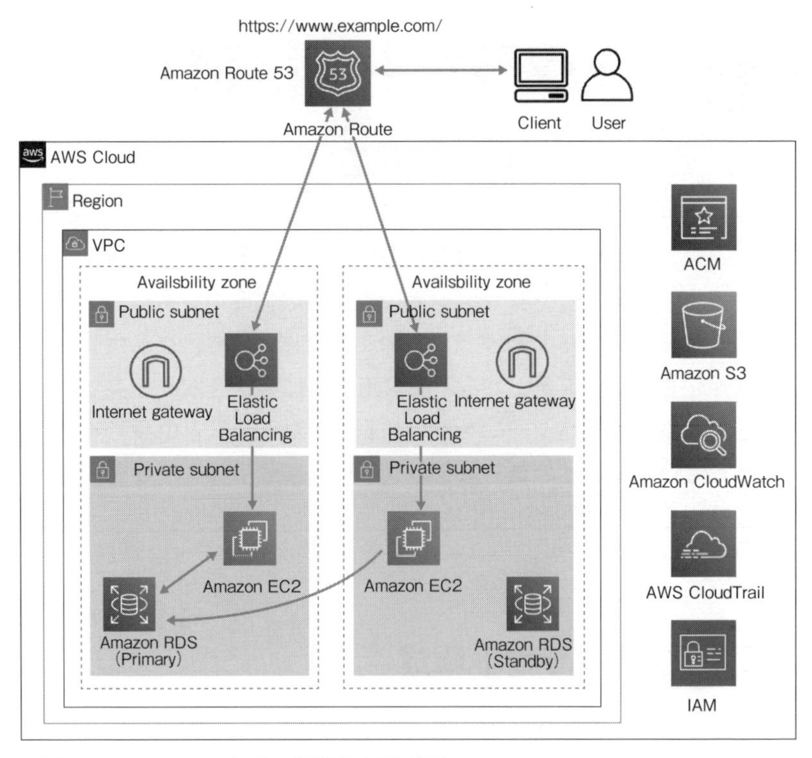

●図 6-1-1　AWS における標準的な構成例

ため、保守性を上げることができます。

③マネージドサービスの積極的活用

マネージドサービスは、機能がサービス提供者によって制限されている反面、利用者は可用性や運用を意識しなくてもいいというメリットがあります。

AWS はサービス開発が活発で、毎年開催される re:Invent イベントでは新しいサービスがリリースされています。マネージドサービスを利用することにより、機械学習やコールセンター等のプラットフォームを手軽に作成し、すぐに利用することができますし、自分で構築するよりも安価で利用できることを期待できます。マネージドサービスを活用すべきではないでしょうか。

図 6-1-1 の例では、マルチ AZ に配置された Amazon EC2 インスタ

ンスに対してロードバランサを利用することによって、リクエストの負荷分散を実現しています。また、Amazon RDS 障害時は、マルチ AZ に配置されたデータベースの自動フェイルオーバ機能を利用することによって、耐障害性を担保しています。ドメイン、証明書、監視、監査、認証で、マネージドサービスを利用することにより、運用コストが削減されています。

この構成は、AWS を使い始めたばかりのシステム構成としてよくある例ですが、ここでキーとなるのは、AWS でデータを管理することによって他のマネージドサービスと連携してデータレイク基盤を作ることに繋げることです。さらに、**Amazon EC2** 等のコンピューティングサービスを **AWS Lambda** 等に置き換えることによって、サーバレスアーキテクチャを実現しトータルコストを削減することに繋がるなど、拡張性のあるシステムを構成することが可能です。

6.2 ハイブリッド構成

ハイブリッド構成とは、オンプレミスとパブリッククラウドを合わせて利用する構成です。

❶ ハイブリッド構成とする 2 つのパターン

①永久的なハイブリッド構成

「1.2　❷　クラウド化に向かないもの」にて記載したように、オンプレミスに向かないものも存在します。その場合は、AWS に移行可能なシステムは AWS に移行し、移行できないものはオンプレミスに残しハイブリッド構成とします。

②一時的なハイブリッド構成

データセンターの解約期限に迫られてハイブリッド構成にせざるを得ないなどの場合、一時的に **L2 延伸**を利用し、オンプレミスの拡張として VMC on AWS を利用する構成を取ることがあります。最終的にはオンプレミスのリソースを全て AWS に移行し、フルクラウド構成へとシフトします。

❷ VMware Cloud on AWS（VMC on AWS）

上記のパターンにマッチするシステムをAWSで実現する場合、**VMware Cloud on AWS（VMC on AWS）**を利用する選択肢があります。

①VMC on AWSとは

VMC on AWSとは、Amazon EC 2ベアメタルインスタンスで実行される、専用のVMware SDDC（Software-Defined Data Center）です。VMC on AWSはAWSとVMwareが共同開発したサービスですので、VMwareで培ったツールとスキルを活かしつつ、AWSのプラットフォームを利用することが可能です。

②データセンターの拡張

オンプレミスのデータセンターとAWSの両方で同じVMwareの技術（**VMware vSphere**[41]／**VMware vSAN**[42]／**VMWare NSX**[43]／**vCenter Server**[44]）を利用することによって、既存データセンターを維持しつつも、パブリッククラウドであるAWSへの拡張が可能になります。VMC on AWSではVMwareの技術をそのまま利用できるため、アプリケーションの書き直しや、新しいハードウェアの購入の必要はありません。

③高い拡張性

Elastic DRS[45]機能を利用することにより、必要なときに必要な分だけホストを追加し、不要になった場合は削除する運用が可能になります。**VMware Software-Defined Data Center（SDDC）**[46]の機能により

---

41 VMware vSphere：VMwareが提供する複数のコンポーネントから構成される仮想化ソフトウェアスイートの総称。

42 VMware vSAN（VMware Virtual SAN）：VMwareが提供するSDS（Software Defined Storage）。
ベアメタル ハイパーバイザーESXiがインストールされているサーバに内蔵されているSSD（Solid State Drive）やHDD（Hard Disk Drive）を仮想的に結合し、1つのデータストアとして利用できる。

43 VMware NSX：VMwareが提供するルータ、スイッチ、ファイアウォール、ロードバランサ等のネットワークコンポーネントをソフトウェアとして提供するネットワーク仮想化プラットフォーム。

44 vCenter Server：VMwareが提供するVMware vSphereを使用した仮想化インフラのライセンスやリソースの管理などを行う統合管理プラットフォーム。

CPUやメモリの負荷が上昇した場合に、物理ホストと仮想マシンを追加し、負荷が下がった場合には仮想マシンと物理ホストを自動的に削除するという便利な機能があります。

④ VMC on AWSの豊富なユースケース

既存のデータセンターやアプリケーションのクラウド移行、インフラの更改、仮想デスクトップのリソースや開発環境、テスト環境の増加等のデータセンター拡張、既存のディザスタリカバリの置き換えや補完を想定した災害対策、ハイブリッドアプリケーションの構築等、さまざまなユースケースで利用可能です。

⑤最小限のダウンタイムで移行が可能

VMware HCXを利用することにより、無停止かつIPアドレスの変更不要で移行が可能です。VMware HCXは、オンプレミスのVMware vSphere仮想基盤とAWSの仮想基盤に相互に接続し、仮想マシンを**vMotion**で双方向に移行する機能や、オンプレミスで利

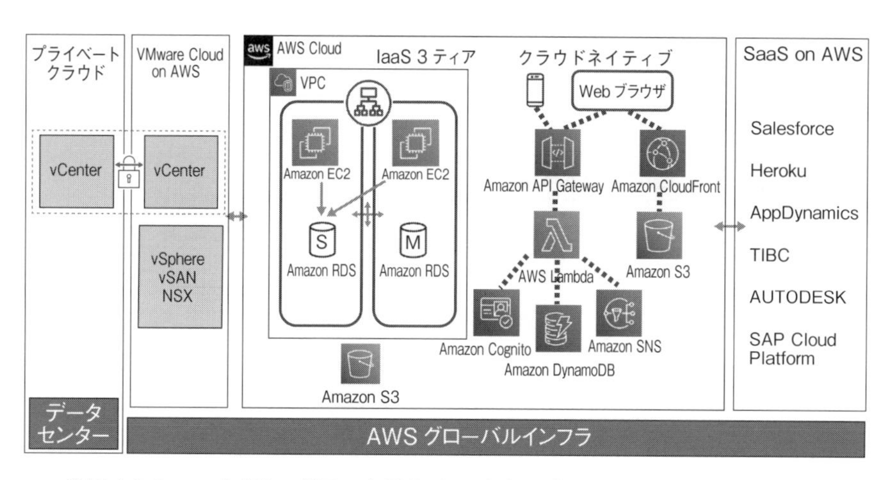

●図6-2-1　ハイブリッドアーキテクチャイメージ

45 Elastic DRS：Virtual Machineの障害時の自動ホスト交換、スケールアウト、スケールインを自動で行うなど、サービスに組み込まれた機能を通して、アプリケーションの高可用性を実現してくれるサービス。

46 Software-Defined Data Center（SDDC）：CPU、メモリ、コンピュート、ネットワーク、ストレージ等を仮想化し、ソフトウェアによって定義された仮想的なデータセンターを提供するサービス。

用していたネットワークをクラウド側へL2延伸することができます。

⑥ AWSサービスとのシームレスな連携

AWSサービスと連携することによって、ライセンスコストの圧縮、データ活用、運用負荷の軽減等、クラウドのメリットを享受できます。

参考

・VMware Cloud on AWS 料金試算

https://cloud.vmware.com/jp/vmc-aws/pricing/calculator/

・VMware Cloud on AWS Sizer

既存の仮想マシン情報を元に参考ホスト数を見積り可能

https://vmc.vmware.com/sizer/

・ロードマップ

https://cloud.vmware.com/jp/vmc-aws/roadmap/

6.3 先進的な構成例

AWSで実現する将来像を見てみましょう。ひと口に将来像といっても、何を実現したいのか目的がないと始まりません。ここでは、AWSのサービスを利用した先進的な構成例をいくつかご紹介します。ここで紹介する構成は、移行の7R（「3.1　移行の7R」）では**リアーキテクチャ**にあたります。既に一度クラウド化したものをさらにクラウド最適化していく段階では、この節で紹介するような構成に置き換えることによってコスト削減と新しい付加価値の創造が可能です。

1 Amazon Connect活用例

図6-3-1の例では**Amazon Connect**というAWSマネージドのコールセンターのサービスを利用し、Amazon Connectの問い合わせ記録を音声およびテキストデータ化し、**CRM（Customer Relationship**

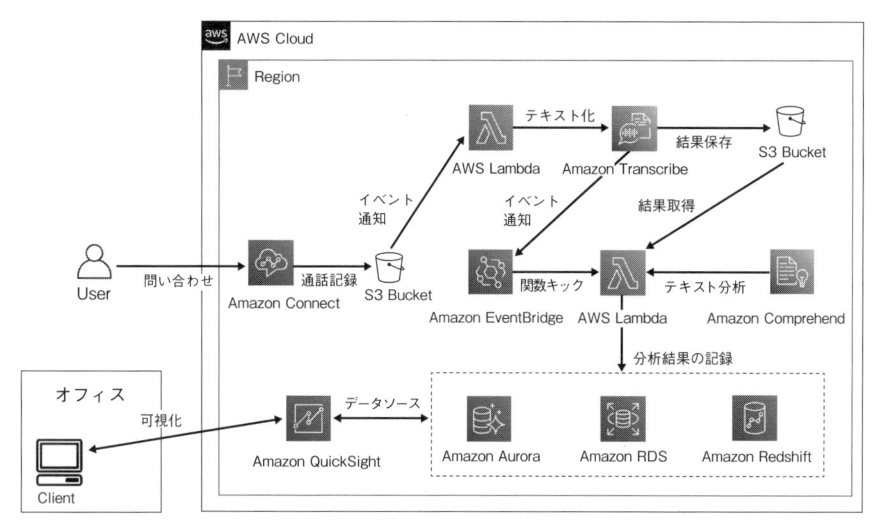

●図 6-3-1　Amazon Connect 利用における CRM 連携例

Management）DB と連携する例です。CRM DB に格納されたデータは **Amazon QuickSight**（12.8　分析系サービス）のデータソースとして活用され、グラフとして可視化することが可能です。

通常、CRM との連携を考えた場合には、サードパーティーサービスの利用を検討し、サービス間で連携する必要があります。しかし、この構成では AWS のマネージドサービスのみで、通話記録から CRM DB への連携、可視化までを一貫して AWS で実現しています。顧客からの通話記録は **Amazon S3 バケット**[47] に記録され、音声は **Amazon Transcribe**[48]（12.14　機械学習系サービス）によってテキスト変換されます。**Amazon Comprehend**[49] によってテキスト内の言語を識別しキーフレーズなどの抽出／分析を行います。上記の処理によって出力されたテキストおよび、分析結果は、CRM DB に格納され **Amazon QuickSight**

47 Amazon S3 バケット：AWS が提供するオブジェクトストレージサービス。99.999999999% の高可用性を備えておりバージョニングや静的コンテンツのホストが可能。

48 Amazon Transcribe：AWS が提供する音声をテキスト変換するサービス。自動音声認識の深層学習プロセスを利用して、迅速で高精度に音声をテキスト変換する。

49 Amazon Comprehend：AWS が提供する自然言語処理サービス。テキストからのキーワード抽出や感情分析等ができる。

を通して可視化できるため、そこからさらにビジネス利用することが可能です。またこの構成のメリットとして、サーバレスでシステム間連携を行うため、通常のサーバ運用でかかる負担を考慮する必要はありません。

❷ マネージドサービスで実現するコンテナ活用

下図は、標準的な Web サイト構成例から一歩前進した、**コンテナを活用した動的 Web サイト**の構築例です。この構成では Amazon EC2 インスタンスではなく、コンテナを利用した構成を採用しています。

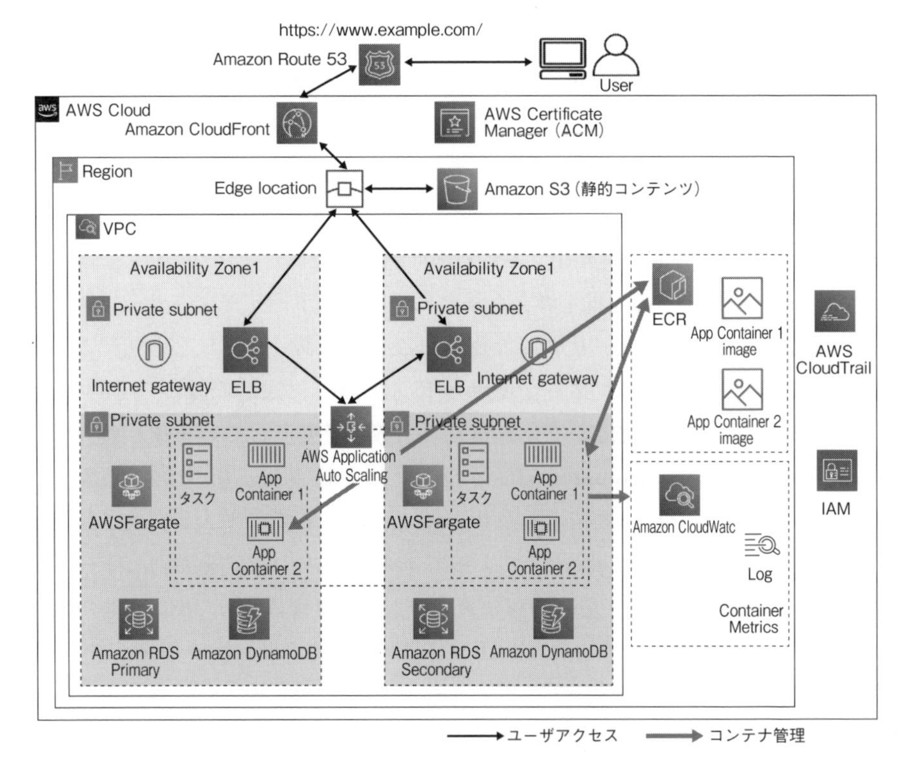

●図 6-3-2　マネージドサービスで実現するコンテナ活用例

上図では、比較的負荷が大きい Web サイトを AWS 上でコンテナを用いて実現しています。**Amazon CloudFront**（7.2　可用性）を利用す

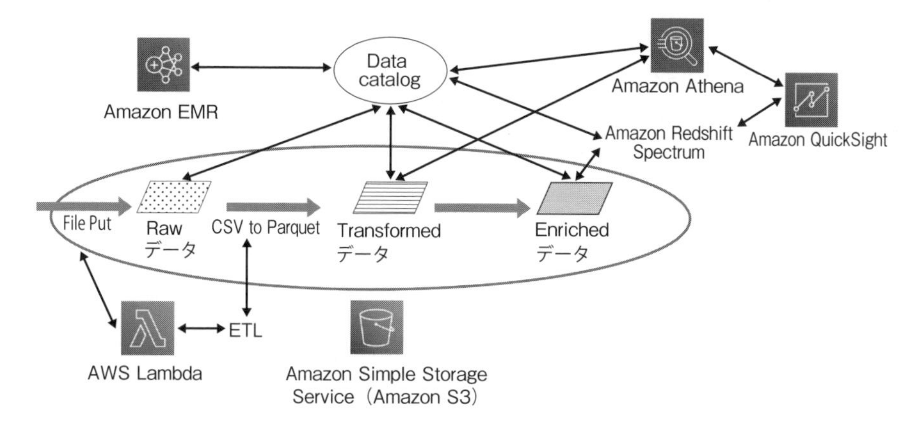

●図 6-3-3　AWS Glue と Amazon S3 を活用したデータレイクの基礎構築

https://aws.amazon.com/jp/blogs/news/build-a-data-lake-foundation-with-aws-glue-and-amazon-s3/

ることによって、キャッシュを利用しバックエンドへの負荷を下げつつ、オリジンに送信されたリクエストが捌ききれなくならないように **Application Auto Scaling** [50] により可用性を実現しています。静的コンテンツは Amazon S3 に保管し、動的な処理は **ELB** とバックエンドの **AWS Fargate**（12.10　コンテナ系サービス）により実装された **Container** により処理しています。セッション情報は **Amazon DynamoDB**（12.7　データベース系サービス）に保管し、顧客のデータは Amazon RDS マルチ AZ に保存することによって耐障害性を実現しています。

データレイクを利用することによって組織で収集された構造化、半構造化、非構造化データを１つのリポジトリ、上の例で言えば Amazon S3 にまとめて保存することができます。この例では Amazon S3 に取り込まれた CSV 形式のファイルをクローラによって **Amazon Athena**（12.8

50 Application Auto Scaling：AWS サービスの自動スケーリングを提供するサービス。Amazon CloudWatch メトリクスに基づくスケーリングや、スケジュールに基づくスケーリング等を設定できる。

分析系サービス）のパフォーマンス効率が良く、コスト削減が見込まれる **Apache Parquet** に変換し、Amazon Athena によるデータ照会や **Amazon Redshift Spectrum** [51] および、**Amazon Elastic MapReduce**（**EMR**）とのデータ連携を実施しています。

51 Amazon Redshift Spectrum
https://aws.amazon.com/jp/blogs/news/amazon-redshift-spectrum-exabyte-scale-in-place-queries-of-s3-data/

第7章 クラウドならではの可用性

可用性とは、サービスの信頼性を定量的に測定するために使用されるメトリクスのことです。可用性はワークロードが使用可能な時間の割合で示されます。

AWS では可用性を以下のように定義します。

$$可用性 = \frac{利用可能時間}{総稼働時間}$$

可用性を設計する際は、可用性に関してのニーズを理解することが重要です。

通常は、サービスの内容を**データプレーン**と**コントロールプレーン**で分けて考えます。例えば Amazon EC2 インスタンスに対するデータの読み取り／書き込みはデータプレーンによる操作になりますが、Amazon EC2 インスタンスの起動はコントロールプレーンによる操作です。一般的にはデータプレーンの操作の方がコントロールプレーンよりも可用性を高くすることが望まれます。このように Amazon EC2 インスタンスひとつをとっても、可用性を考慮するサービスの内容は分解できます。重要なことは特定のニーズに応じた可用性にコストをかけることです。

7.1 リージョンとアベイラビリティゾーン

リージョン（Region）とアベイラビリティゾーン（AZ）を利用し可用性を向上することが可能です。

❶ リージョン

AWS にはリージョンという概念が存在します。これは、データセンターが集積されている世界中の物理的ロケーションのことです（設置した場所ともいえます）。リージョンは複数の AZ で構成されています。AZ は電力源、ネットワークを備えている 1 つ以上のデータセンターから構成されています。AWS のグローバルサービスは、地理的に独立したリージョン同士が相互に接続することにより構成されています。各リージョンを分離することによって AWS 全体のサービスは耐障害性を高めています。2020 年 9 月現在では、全世界で合わせて 24 ものリージョンが公開されており、77 の AZ が利用可能です。

この数は、Azure や GCP 等の他のクラウドプロバイダーと比べて一番多いといえます。

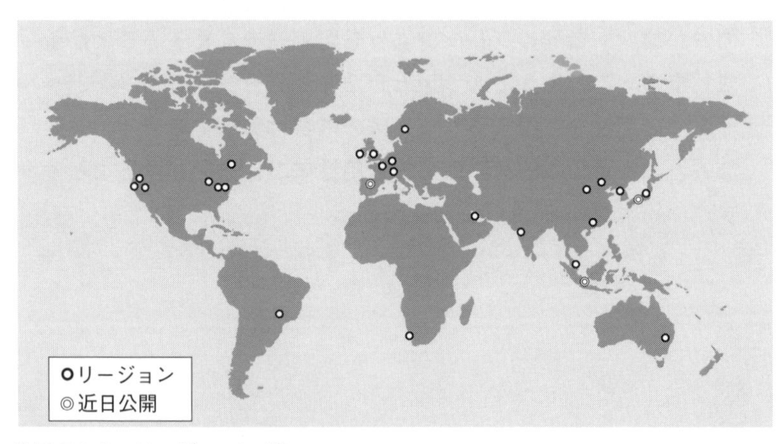

●図 7-1-1　リージョン一覧

https://aws.amazon.com/jp/about-aws/global-infrastructure/

日本のリージョンは、アジアパシフィック（東京）：ap-northeast-1 と呼ばれるリージョンです。AWS マネジメントコンソールや **AWS コマンドラインインターフェース（CLI）**[52]、AWS SDK からサービスを利用する際は、このリージョンに関連付けられたコード（**ap-northeast-1**）を明示的に指定する必要があります。リージョン間は完全に独立しているため、あるリージョンの障害が他のリージョンに影響を及ぼすことはありません。そのため、複数リージョンを利用して同じシステムを構築し、マルチサイトとすることによって、リージョン障害が発生した際に、可用性の高いシステムを構築することができます。

同じ構成をリージョンまたぎで作成する際は、インフラを **Infrastructure as Code（IaC）化**[53] することによって手動構築よりも複製が容易にできるようになり、かつヒューマンエラーもなくなります。

AWS リソースの標準化としてお勧めのサービスは **AWS CloudFormation** です。一度 JSON（JavaScript Object Notation）または YAML 形式でインフラを定義してしまえば、あとは別々のリージョンでデプロイすることによって同じ構成でリソースを作成することが可能です。

2 アベイラビリティゾーン（AZ）

アベイラビリティゾーンとはリージョン内に存在する 1 つ以上の独立したデータセンターのことを指します。各 AZ には個別の電力源、冷却システム、物理的セキュリティが備わっており、これらは冗長的でレイテンシが非常に低いネットワークで接続されています。

AZ 間の全てのトラフィックは暗号化されており、リージョン内の全ての AZ は互いに 100km（60 マイル）圏内の位置にあります。複数の

---

52 AWS コマンドラインインターフェイス（CLI）
https://aws.amazon.com/jp/cli/

53 Infrastructure as Code（IaC）化：インフラの構成をコードとして宣言することによって、インフラの冪等性（何度実行しても同じ結果になる）を担保する仕組み。IaC 化することでシステムの標準化やヒューマンエラーの防止などのメリットを享受できる。

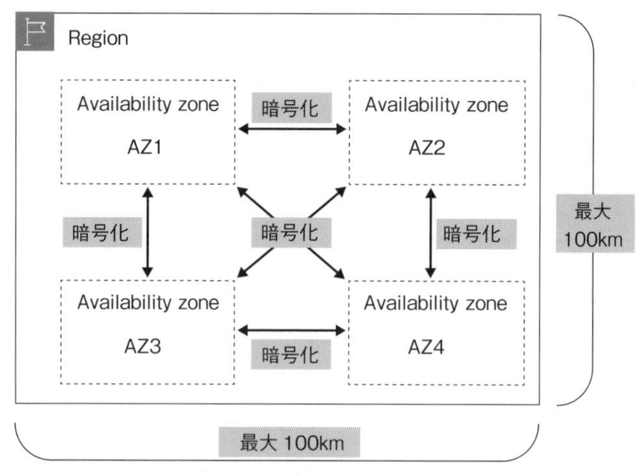

●図 7-1-2　AZ 概念図

AZ を利用することで、システムの耐障害性を高めることができると共に、可用性、拡張性を持たせることができます。

リージョンと AZ のマッピングは AWS アカウントにより異なります。AZ 内の特定のリソースで障害が起きたときのために、自分の利用しているリージョン内の AZ のマッピングを確認しておきましょう。例えば AWS CLI では以下のコマンドを実行することにより、東京リージョン内の AZ の状況を確認することができます。

以下は、コマンドの実行例です。

```
$ aws ec2 describe-availability-zones --region ap-northeast-1 --output table
```

https://docs.aws.amazon.com/cli/latest/reference/ec2/describe-availability-zones.html

7.2 可用性

AWS で**可用性**を検討する際には、以下の優先順位で設計しましょう。

優先順位 1　マルチ AZ

マルチ AZ は AWS のコアコンセプトの 1 つです。ELB、Amazon DynamoDB、Amazon RDS、Amazon S3、Amazon EC2 等、さまざまなサービスで手軽に始められる冗長化構成になります。サービスによっては利用するリージョンの選択を増やすだけで分散配置できるため、比較的容易に取り組むことができます。

優先順位 2　マルチリージョン

マルチリージョンアーキテクチャとは複数リージョンを利用して分散システムを構築するアプローチです。マルチリージョンではフォールトトレランスの維持や部分障害・障害検出の難しさがあります。ユースケースとしては UX（User Experience）の向上、DR（災害対策）、高度な可用性の実現などです。マルチ AZ よりも高い可用性を維持したい場合は、マルチリージョンを推奨します。こちらはマルチ AZ と比べるとコスト、難易度が高くなります。

構成	可用性	コスト	難易度
シングル AZ	低	低	容易
マルチ AZ	高	普通	容易
マルチリージョン	非常に高い	高	難しい

表 7-2-1　可用性に関する検討事項

おまけ

AWS Local Zones

AWS Local ZonesはAWSリージョンを拡張したものであり、Amazon EC2などのAWSのサービスをエンドユーザに近い場所に配置できます。ネットワークのレイテンシは10ミリ秒未満に抑えることが可能なため、リアルタイムゲーミング、メディアエンターテイメントコンテンツ等の高性能なアプリケーションに向いています。内部で利用するAPIやツールセットは通常と同じものが利用可能です。ローカルゾーンを利用する場合は有効化する必要があります。

Wavelength Zone

Wavelength Zoneは通信事業者の5Gネットワークエッジにデプロイされたコンピューティングリソース及びストレージを利用可能なゾーンです。Wavelength Zoneはリージョンに関連付けられており、リージョンを論理的に拡張したものになります。Wavlength Zoneを利用することにより、エンドユーザに低レイテンシのアプリケーションを構築することが可能です。注意点として、Wavelength Zoneは全てリージョンで利用可能ではありません。利用可能なリージョンに関しては以下のリンクをご参照ください。

https://docs.aws.amazon.com/wavelength/latest/developerguide/wavelength-quotas.html#concepts-available-zones

7.3 負荷分散

AWSで**負荷分散**を実現する場合は、以下の優先順位で設計しましょう。

優先順位1　AZ分散

シングルリージョンを利用する際によく利用される負荷分散方式です。すぐに利用開始できるメリットがあります。

優先順位2　リージョン間分散

マルチリージョンでグローバル展開するシステムで使われる負荷分散方式です。設計難易度は高いといえます。

AWSでは負荷分散を実現するサービスとして**ELB、Amazon Route 53、AWS Global Accelerator、Amazon CloudFront、Amazon API Gateway**を提供しています。これら、マネージドサービスとは別に、AWS Marketplaceのアプライアンスを利用する方法もあります。

① Elastic Load Balancing（ELB）によるAZ間の負荷分散

AZ間の負荷分散機能を提供するサービスです。

L4（TCP）、L7（http/https）のルーティングを行うことができ、AWS WAF（12.13　セキュリティ、アイデンティティ、コンプライアンス）と組み合わせて高いセキュリティを実現できます。AWS Auto Scalingを利用することによって自動スケーリング可能なインフラを構築できます。

② AWS Auto Scalingによるアプリケーションに対する負荷分散

AWS Auto Scalingを利用することにより、アプリケーションに対する負荷分散を実現できます。負荷が少ないときにはリソースを減らし、負荷が高いときにはリクエストを処理できるだけのリソースを準備することで拡張性の高いシステムを構築できます。

③ Amazon Route 53によるAWS内外の負荷分散

可用性の高いマネージドサービスのDNSサービスです。ELB、Amazon S3等のAWSサービスへのDNSリクエストを効率的に分散することができます。AWS外のリクエストだけではなくAWS内のリクエストの負荷分散にも対応しています。

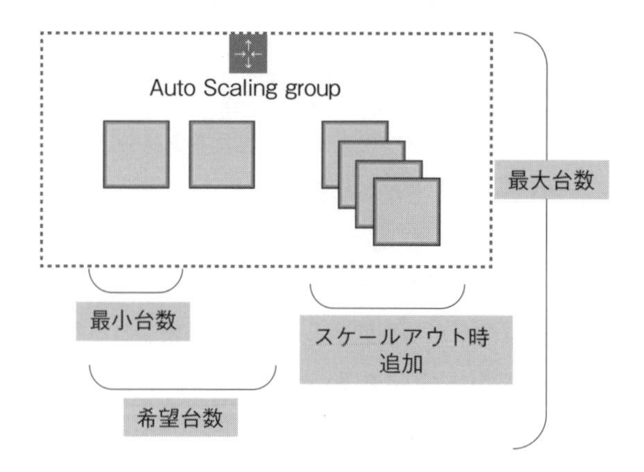

●図 7-3-1　AWS Auto Scaling 概念図

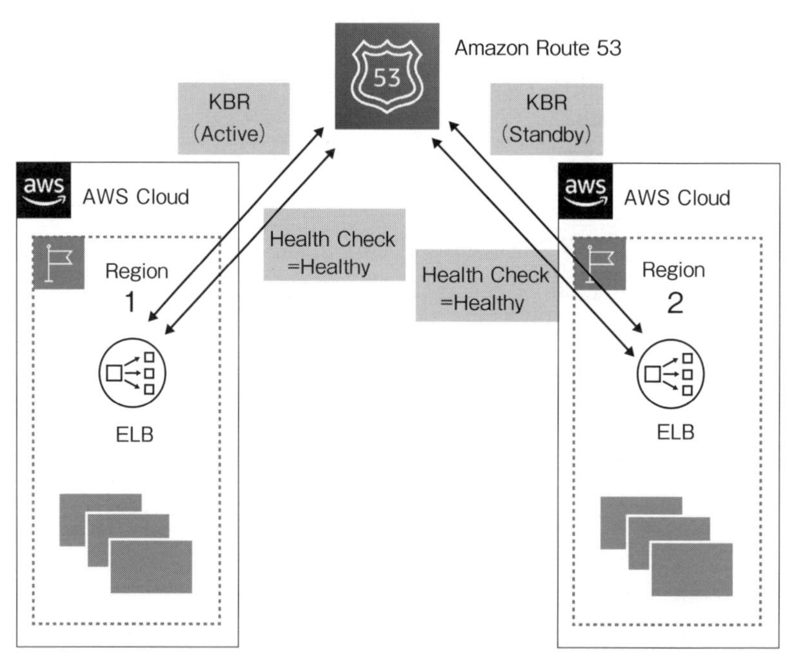

●図 7-3-2　Amazon Route 53 Multi-Rerion Failover 実装例

④ AWS Global Accelerator

マルチリージョン構成でエンドユーザからのリクエストに最適なエンドポイントにトラフィックを向けるために利用できるサービスです。サービスのエンドポイントとして**ALB**や**NLB**を指定することができます。

⑤ Amazon CloudFrontによるキャッシュ機能

Amazon CloudFrontは、AWSが提供するマネージド型の**CDN**（**Content Delivery Network**）です。グローバル展開された**エッジロケーション**を利用してリクエストがあったユーザから一番近いロケーションでキャッシュを持たせてリクエストを処理することが可能です。Webサービスの課題として、ネットワーク遅延によりユーザの離脱率が上がることが考えられます。ネットワーク遅延の問題は往々にして、ユーザとコンテンツ配信元のオリジンとの物理的な距離が遠ければ遠いほど発生します。また、Webサービスのもう1つの課題として大量のアクセスに対応するために、不要なトラフィックをオリジンに到達させずキャッシュさせるような仕組みが必要です。上記のようなWebサービスの課題を解決するのがAmazon CloudFrontです。

⑥ Amazon API GatewayによるAPI応答時間のレイテンシの短縮

Amazon API Gatewayを利用してデプロイするAPIは、Amazon CloudFrontを経由することができます。これによりAPIの応答時間のレイテンシを短縮することができます。また、Amazon API Gatewayのインメモリキャッシュにレスポンスを保存することによって、特定のAPIリクエストのパフォーマンスを向上させることができ、結果としてバックエンドの実行時間が短縮されるので、全体コストを削減することができます。

⑦可用性を高めるために考慮するべきこと

可用性を高めるためには各コンポーネントが他のワークロードに影響を与えないように動作する必要があります。ハードなリアルタイムシステムは、レスポンスを同期的かつ可能な限り早く処理する必要があります。ソフトなリアルタイムシステムではハードな場合と比べてレスポンスの処理にかかる時間が数分単位で許容されます。

オフラインシステムではバッチ処理や非同期処理を通じてレスポンスが処理されます。可用性を考慮する際に一番難しいのはハードなリアルタイムシステムです。各コンポーネントが密結合の場合、1つのコンポーネントの変更が他のコンポーネントに影響を及ぼすようになります。各コンポーネントを疎結合とすることで1つのコンポーネントの障害が別のコンポーネントに影響を及ぼさないようにすることができます。また、システム全体のスケーラビリティを向上することができます。AWSでは疎結合アーキテクチャとして**メッセージキューイングサービス**の**Amazon Simple Queue Service (SQS)**（12.11サーバレス系サービス）の**Amazon Kinesis**、分散アプリケーションの構築ができる**AWS Step Function**を用意しています。

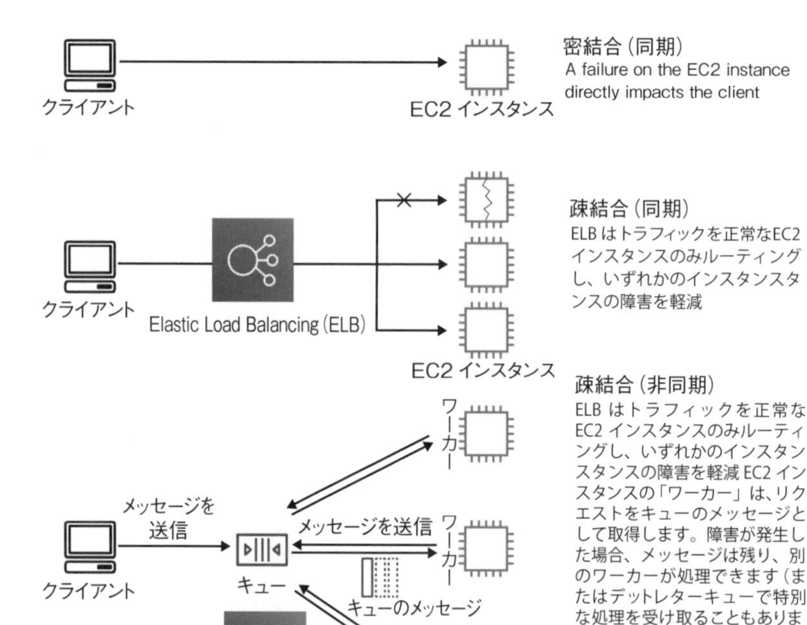

●図7-3-3　密結合と疎結合　https://d1.awsstatic.com/whitepapers/ja_JP/architecture/AWS-Reliability-Pillar.pdf

7.4 自動復旧

AWSでは**Design for Failure**という考え方があります。この考え方は、障害は発生するものとして、障害を回避するのではなく、障害が発生してもサービスを継続できるように設計することが重要ということを示しています。ここではAWSが提供している**自動復旧**について解説します。

① Amazon EC2の自動復旧

AWSでは仮想サーバをモニタリングし、基盤のハードウェアの障害によりインスタンスが正常に起動しなくなった場合に、インスタンスを自動的に復旧する**Auto Recovery**と呼ばれる機能があります。自動復旧したインスタンスは全ての設定が元のインスタンスの情報と同じであるため、接続元のアプリケーション側で接続先を変えるといった処理も必要ありません。例えば、Amazon EC2インスタンスにパブリックIPv4アドレスが割り当てられている場合、IPアドレスは自動復旧後も保持されます。

インスタンスのステータスチェックが失敗となるには、以下のような要因が考えられます。

ネットワークの問題	**カーネルパニック**
電源の問題	**OSの起動失敗**
物理ホストの問題	**互換性のないドライバー**

自動復旧は便利である反面、以下の要因で失敗する場合もあります。

・ハードウェアの一時的な容量不足

"StatusCheckFailed_System"となったインスタンスは、別のハードウェア上で実行されますが、その先のハードウェアで、インスタンスタイプが容量不足になっていることも考えられます。その場合、hardware limitによりインスタンスが起動できません。

・AWSのメンテナンスとの競合

パブリッククラウドは便利な反面、プラットフォームの提供者側（AWS）では定期的にメンテナンスが実施されます。そのメンテナンスや障害により一時的にインスタンスが起動できない場合も考えられます。

・インスタンスの自動復旧の最大試行回数に達した

インスタンスの自動復旧は1日3回までという制約を設けています。そのため、1日3回以上復旧しようとすると失敗します。

以上、Amazon EC2インスタンスの自動復旧に関して解説しました。

Amazon EC2インスタンスをサービスの基盤として利用する場合には、必ず設定しておくべきといえるほど、便利な機能なのでぜひ利用を検討してみてください。

② Amazon RDSによるバックアップからのデータ復元

Amazon RDSはRDBのセットアップ、運用、スケーリングを容易にできるマネージドサービスです。

Amazon RDSでは自動復旧はできませんが、自動バックアップの機能を備えているため、障害発生時にバックアップからデータを復元できます。

機能	コスト	スコープ
自動バックアップ	低	単一リージョン
手動スナップショット	中	複数リージョン
リードレプリカ	高	複数リージョン

表7-4-1 バックアップの検討に関する検討事項

DBインスタンスのスナップショットは、最初に全てのバックアップを取得し、その後変更点だけが取得されるインクリメンタルスナップショット方式を採用しています。自動バックアップを有効化しておくと、Amazon RDSは1日おきに全データをスナップショットとして自動保存します。このスナップショットを利用して、障害発生時には**ポイントインタイムリカバリ（PITR）**の機能により特定時点にデータベースを復元することができます。

第8章 責任範囲

この章ではAWSを利用する上では避けられない責任共有モデルに関して解説します。責任共有モデルを理解することで、クラウドの利用者は自分達のサービスの運用範囲を明確化し、運用負荷を軽減することに繋げることができます。

8.1 責任共有モデル

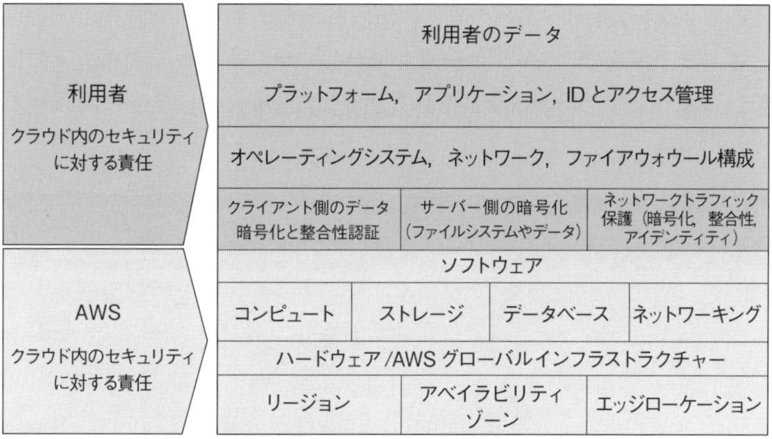

責任				
利用者 クラウド内のセキュリティに対する責任	利用者のデータ			
	プラットフォーム，アプリケーション，IDとアクセス管理			
	オペレーティングシステム，ネットワーク，ファイアウォール構成			
	クライアント側のデータ暗号化と整合性認証	サーバー側の暗号化（ファイルシステムやデータ）	ネットワークトラフィック保護（暗号化，整合性，アイデンティティ）	
AWS クラウド内のセキュリティに対する責任	ソフトウェア			
	コンピュート	ストレージ	データベース	ネットワーキング
	ハードウェア/AWSグローバルインフラストラクチャー			
	リージョン	アベイラビリティゾーン	エッジロケーション	

●図8-1-1　責任共有モデル概念図
https://aws.amazon.com/jp/compliance/shared-responsibility-model/

AWSを利用する場合、責任の範囲として、AWSが担保する範囲とクラウドの利用者が管理しなければならない範囲があります。これを**責任共有モデル**といいます

上の図にて「利用者」となっている箇所（上部）は、利用者が管理しなければならない責任の範囲となります。「AWS」となっている箇所（下

部）は、Amazon Web Servicesが責任を追う範囲となります。

セキュリティとコンプライアンスは、AWSと利用者で責任を共有します。このモデルではホストOSや仮想レイヤー、データセンターの物理的なセキュリティをAWSが運用管理することによって、利用者の運用負荷を減らすことに役立ちます。利用者が責任を追う範囲は、ゲストOSやデプロイしたアプリケーション、セキュリティグループ等のFireWallの設定に関しする箇所となります。利用するサービスによって責任が異なるため、サービスを慎重に検討する必要があります。基本的に利用者側で操作が可能な部分に関しては、全て利用者の責任の範囲になります。

例えばAWS Lambdaのセキュリティを考えてみましょう。利用者が作成したコードに対する脆弱性の責任は、利用者の範囲となります。逆にランライムを実行している基盤側は、利用者が意識する必要もなく設定もできないため、AWSの責任の範囲となります。

ここまで読んで、AWSは利用者に対して少し責任のなすりつけをしているような冷たい印象を持たれたかもしれませんが、そうではありま

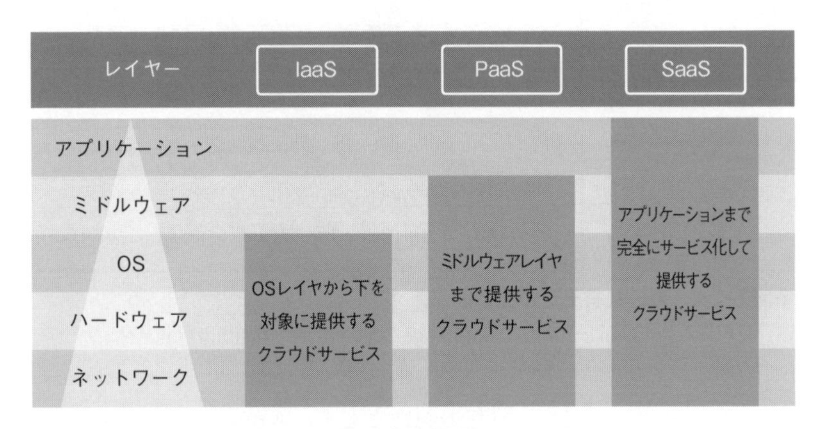

●図8-1-2　IaaS、PaaS、SaaS別の責任範囲
https://aws.amazon.com/jp/compliance/shared-responsibility-model/

https://docs.microsoft.com/ja-jp/azure/security/fundamentals/shared-responsibility

せん。

データの暗号化やアクセスコントロール等のセキュリティに関するホワイトペーパー、ベストプラクティスや **AWS Well-Architected**[54] をユーザに提供することによって、利用者ができるだけ安全なシステムを構築できるようにサポートしています。この「責任共有モデル」の考え方は、Microsoft も提唱しています。

1 責任共有モデルを利用することによるメリット

①運用負荷の削減

物理統制の評価を考えた場合、全ての要件を自社で行うのは負荷が高く、高コストになります。しかし、AWS では第三者機関による認証やコンプライアンスプログラムに取り組んでいるため、利用者はデータセンターの物理的な統制を考慮する必要がなくなります。

②ビジネスの加速

仮想サーバを起動してサービスを構築した場合と AWS Lambda や Amazon RDS 等のマネージドサービスを利用してサービスを構築した場合では、バックアップや、セキュリティパッチの適用等の負荷が大きく異なります。マネージドサービスを利用し、AWS にセキュリティの管理を任せることによって、サービスの改善や、新サービスの開発に専念できます。

2 AWS による責任共有のサポート

①豊富なセキュリティサービス

AWS では **Amazon Inspector**（12.13　セキュリティ、アイデンティティ、コンプライアンス）や **Amazon GuardDuty**（12.13）等のセキュリティサービスを提供しています。利用者はこれらのサービスを利用することによって、利用者の責任の範囲内でセキュリティ保護の

---

54 AWS Well-Architected
https://aws.amazon.com/jp/architecture/well-architected/?wa-lens-whitepapers.sort-by=item.additionalFields.sortDate&wa-lens-whitepapers.sort-order=desc

サポートを受けられます。また、AWSが提供するセキュリティ速報をRSSフィードにより購読することによって、利用者は自分のニーズに沿ったセキュリティの対応や実装を行うことができます。

②さまざまなガイドの提供

AWSでのアーキテクチャを検討する際に、考え方の参考となる開発者ガイドやホワイトペーパー、AWS Well-Architectedフレームワーク等さまざまな**ドキュメント**が用意されています。これを活用することにより、より安全な構成でアーキテクチャを設計することが可能です。

③プロフェッショナルによるサポート

AWSによる利用者への支援はサービスや機能だけではなく、**ソリューションアーキテクト**による技術支援や、**プロフェッショナルサービス**による有償によるコンサルティングサービスも提供しています。また、**Certification and Training team**によるトレーニングの提供、**AWS Support**による問い合わせも行っています。

8.2 AWSが担保する範囲

AWSでは、クラウドで提供される全てのサービスを実行するインフラの保護に関してAWSが責任を追います。

ここで定義されているインフラストラクチャとはハードウェア、ソフトウェア、ネットワーク等、AWSサービスを実行する施設のことを指します。

8.3 ユーザが担保する範囲

1 インフラの保護

インフラの保護は**ネットワークの保護**と**コンピューティングの保護**に分けて考えられます。

①ネットワークの保護

ネットワークの保護を実現するには各コンポーネント間でネット

ワークレイヤーを作成することが重要です。

例えば、顧客の機密情報を管理している**Amazon RDS**はインターネットに晒されることによる情報漏洩リスクを抑えるために、プライベートサブネットに配置します。また、複数のAmazon VPC連携やオンプレミスとのハイブリッド構成を取る場合は**AWS Transit Gateway**（9.5　他のアカウントのAmazon VPCへの接続）を利用するとよいでしょう。Amazon VPCとAWS Transit Gateway間のトラフィックはAWSのプライベートネットワークに留まるため、DDoSやXSSといった外部からの攻撃を軽減できます。

さらに、**NACL（ネットワークアクセスリスト）**、**SG（セキュリティグループ）**、**AWS WAF**等を利用して、各レイヤーでトラフィックを検査・保護するようにしましょう。例えば、HTTPベースのプロトコルの攻撃からの保護にはAWS WAFが役に立ちます。また、**AWS Firewall Manager**（12.13　セキュリティ、アイデンティティ、コンプライアンス）を利用することによってアカウントとアプリケーション全体にわたってファイアウォールルールを一元管理できます。

②コンピューティングの保護

アプリケーションのコードチェック、インフラ内の脆弱性チェックを頻繁に実施し、脅威から保護することが重要です。

例えば、**Amazon CodeGuru**を利用することによって、コードに含まれている脆弱性をチェックできますし、**Amazon Inspector**を利用すると、Amazon EC2インスタンスに対するCVEチェックを定期的に行い、セキュリティベンチマークに対する評価結果を自動通知できます。攻撃を受けないためには、攻撃対象範囲を少なくすることが大切です。攻撃対象を縮小するためには、OSでもコードでも、未使用のコンポーネントを減らすことを第一に実践しましょう。インタラクティブアクセスを排除することによってセキュリティを向上できます。例えば、踏み台サーバを構築する代わりに**AWS Systems Manager**を利用してAmazon EC2インスタンスを管理します。

AWS Lambdaや**Amazon Elastic Container Service（Amazon ECS）**（12.10 コンテナ系サービス）等のマネージドサービスを利用するこ

とによって、責任共有モデルの一部でもあるセキュリティメンテナンスタスクを削減できます。

これらの作業は、AWS マネージドサービスを利用して自動化することによって、ワークロードの他の側面を保護するために時間を捻出できるようになり、人為的ミスを犯すリスクを削減できます。

2 データ保護

データ保護は、**データ分類、保管中のデータ保護、転送中のデータ保護**の3つの観点でのアプローチ方法があります。

①データ分類

データを分類するためにはワークロード内のデータに関して理解する必要があります。一般公開してよいものなのか、個人情報等の秘匿情報を含んでいるものなのか、知的財産なのか、などを明確化することによって各ワークロードにおける保護要件のレベルに合わせることができます。例えば、AWS のタグベースで AWS Key Management Service（KMS）（12.13　セキュリティ、アイデンティティ、コンプライアンス）からのアクセス制御を実装し、適切なサービスのみが機密コンテンツにアクセスできるようにできます。

また、保管しているデータに関して、データを保持する期間、データ破壊プロセス、データアクセス管理等のデータライフサイクルを定義しましょう。これらの分類、プロセスを自動化することによってヒューマンエラーを減らすことができます。Amazon Macie（12.13 機械学習系サービス）の機械学習技術を利用することによって、PII（Personally Identifiable Information）や知的財産等の機密データを認識して分類するプロセスを自動化することも可能です。

②保管中のデータ保護

データ保護には2つの方法があります。

1つはトークン分割です。トークン分割とは機密情報の管理にあたり、それ自体には意味のないトークンを発行して管理する方法です。

もう1つは暗号化です。暗号化は、プレーンテキストに複合化するための秘密鍵がないとデータを読めないよう変換する方法です。データを保護するためには、キーの管理が重要です。AWS KMSを利用することで耐久性の高い安全なキー管理が実装できます。

データへのアクセスはAWS CloudTrail（10.3　監査）を利用したAPIレベルでのアクセス探査とAmazon S3アクセスログ等のサービスレベルでのログを取得しましょう。データ保護プロセスは一時的ではなく継続的に検証することが重要です。例えばAWS Config(10.3)を利用することで、全てのAmazon EBSボリュームが暗号化されているかどうかを継続的にチェックでき、ルールに準拠していないものの関しては自動的に修正できます。

③転送中のデータ保護

転送中のデータとは、AWSサービス間で送信されるデータおよび、AWSユーザ間で送信される全てのデータを指します。転送中データを保護することによって、ワークロードのデータの機密性と整合性を保護できます。

例えば、AWSの提供するHTTPSエンドポイントを利用することでAWSサービスへの通信にTLSを利用し、AWS APIとの通信で転送中のデータを暗号化できます。外部ネットワークからのAWS接続に関して認証のプロセスを追加することで、通信が変更・傍受されるリスクを削減できます。意図しないデータアクセスを自動検出することが重要です。例えば、Amazon GuardDutyを利用することで、トロイの木馬等の攻撃を自動検出が可能になり、Access Analyzer for S3を利用することで誰がどのデータにアクセスしたのかを評価できます。

第9章 ネットワークの設計と構成

この章では、AWSでネットワーク設計をする際の考え方について説明します。

Amazon VPCのアドレス設計をきちんと実施しなかったことによって、システム拡充に対応できなくなったり、オンプレミスとアドレスレンジが重なったことによりハイブリッド構成ができなくなったりしないように、設計をする上での注意点も記載しています。

9.1 AWSにおけるネットワーク設計

AWSでネットワークを作成する際は、仮想ネットワークであるVPN（Virtual Private Network）を利用します。また、Amazon VPCとはAWS上で論理的な仮想ネットワーク空間を作成できるサービスでAmazon Virtual Private Cloudの略です。ネットワークは分離したり、仮想ネットワーク同士を接続したりすることもできます。インターネットに公開するセグメント、公開しないセグメント等をルーティングやACLによってコントロールすることも可能です。また、AWS Direct ConnectやVPNを利用することにより、オンプレミスとの接続も可能です。

Amazon VPCのコンポーネントには、以下のものがあります。

- Elastic Network Interface
- ルートテーブル
- プレフィックスリスト
- インターネットゲートウェイ
- キャリアゲートウェイ
- NAT
- DHCPオプションセット
- Amazon VPCでのDNSの使用
- Amazon VPCピアリング接続
- Elastic IPアドレス
- Egress-Onlyインターネットゲートウェイ
- ClassicLink

❶ Amazon VPC のアドレス設計

ここでは、AWS でネットワークを設計する際のポイントを説明します。

Amazon VPC を構築する前に、まず利用するアドレスレンジを検討します。Amazon VPC で利用するアドレスレンジを選択する際のポイントは、既にオンプレミスで利用しているネットワークアドレス帯を利用するのは避けることです。また、将来使用する可能性のあるアドレス帯を利用するのも避けましょう。

利用するプライベートアドレスが枯渇している場合、Shared Address Space「100.64.0.0/20」（RFC6890）を利用しましょう。従来は最初に作成した CIDR（Classless Inter-Domain Routing）から拡張することはできませんでしたが、2017 年 8 月から Amazon VPC への IPv4CIDR ブロックの追加が可能になりました。これにより、リソースの増加により IP アドレスが足りなくなった場合も、プライマリ CIDR の範囲と連続したアドレス範囲内であれば Amazon VPC の CIDR を拡張することが可能です。

クラス	範囲	アドレス数
クラス A	10.0.0.0~10.255.255.255	16,777,216
クラス B	172.16.0.0~172.31.255.255	1,048,576
クラス C	192.168.0.0~92.168.255.255	65,536

表 9-1-1　プライベート IP アドレス（RFC1918）

❷ Amazon VPC 分割

通常は 1 つの Amazon VPC 内に全てのサービスを開発することはまずありません。

以下は Amazon VPC 分割を考慮する際によくあるパターンです。

- アプリケーションは毎の分割
- 監査スコープ毎の分割
- リスクレベルによる分割
- 部署毎の分割
- データの重要度に応じた分割

上記の場合は一例ですので、設計段階で会社のポリシーに従って設計しましょう。

Amazon VPC分割に関しては1つのAWSアカウント内でAmazon VPCを分割して持つのか、または、複数のAWSアカウントで分けるのか2通りのやり方があります。

デフォルトで1リージョンあたり5つのAmazon VPCを作成でき、最大100個まで数を増やすことができます。部署ごとに請求を行う場合はマルチアカウントVPCでアカウント毎にAmazon VPCを分割してサービスを展開することによって、請求もしやすくなります。逆に、クラウドに搭載するサービスが小規模で今後も拡張の見込みがないようなシステムの場合は、シングルアカウントでAmazon VPCを分割するとよいでしょう。

❸ サブネット

Amazon VPCの中には**サブネット**と呼ばれる論理的なネットワークを、Amazon VPCのアドレス帯の範囲内で作成できます。サブネット内のトラフィックがインターネットゲートウェイにルーティングされるサブネットのことを**パブリックサブネット**といいます。

パブリックサブネット内のAmazon EC2インスタンスに**Elastic IP address**（**EIP**）を割り当てることによってそのインスタンスはインターネットと接続できるようになります。

インターネットゲートウェイへのルーティングが設定されていないサブネットはプライベートサブネットといいます。Amazon VPC内ではIPv4、IPv6の両方をサポートしています。デフォルトでは全てのAmazon VPCおよびサブネットに対してIPv4 CIDRブロックが必須です。IPv6はオプションで関連付けすることができます。

パブリックサブネット／プライベートサブネットそれぞれに配置するリソースは設計段階でよく検討しましょう。例えばインターネットからの踏み台となるAmazon EC2は、パブリックサブネットに配置する。他には、アプリケーションロードバランサ等の外部からの接続要件があるリソースはWAFを適用する等、セキュリティも考慮した上でパブリックサブネットに配置しましょう。

サブネットにはデフォルトでセキュリティグループとネットワークACLというセキュリティの機能を備えています。セキュリティグループを利用することによりインスタンスのインバウンドとアウトバウンドのトラフィックをコントロールできます。

サブネット単位でのトラフィックコントロールはNACLを利用します。基本的にはセキュリティグループによるトラフィックの制御を行い、さらにセキュリティレイヤーを追加する手段としてNACLを利用します。NACLは各サブネットに関連付けする必要があります。

❹ ルートテーブル

ルートテーブルとはネットワークトラフィックの送信先を制御する見えないルータのようなものです。Amazon VPC内は作成時に指定したCIDRアドレスでルーティングされます。制約として1サブネットにつき1ルートテーブルしか関連付けが行えません。

また、Amazon VPC毎に作成できるルートテーブルの数には限りがありますので注意しましょう。ポイントとしてはサブネット毎にルートテーブルを作成するのではなく、サブネットの役割毎にルートテーブルを作成するといいと思います。パブリックサブネットに関連付けを行うルートテーブルにはInternet Gateway（IGW）をアタッチする必要があります。

❺ セキュリティグループ（SG）

セキュリティグループは役割毎に作成しましょう。例えばWebサーバをホストしているAmazon EC2インスタンスに関してはWebサーバ用のセキュリティグループを作成し、Amazon RDSインスタンスにはAmazon RDSインスタンス用のセキュリティグループを作成します。

通信の許可をする場合、AWS内のリソースの通信に関してはソースとしてセキュリティグループを参照するようにしましょう。そうすることでリソースの数が増えたりした場合にわざわざセキュリティグループにIPアドレスを追加する必要もなくなります。

❻ ネットワークアクセスリスト（NACL）

NACL はサブネットの FireWall として機能します。セキュリティグループと併用することによってより高いセキュリティを担保できますが、管理が複雑になるデメリットもあります。

NACL を利用する際は、どうしてもサブネットへの侵入を防ぎたい IP アドレスがある場合等、特別な場合を除いてはデフォルトのまま運用しましょう。

❼ Amazon Time Sync Service

Amazon Time Sync Service とは **Leap Smearing** による、うるう秒対策が実装された、無料で利用可能な高精度時刻同期サービスです。Amazon EC2 インスタンス内で NTP サーバの IP アドレスに 169.254.169.123 を設定するだけで、全リージョンにて無料で利用可能です。

❽ Amazon VPC 内サービスと Amazon VPC 外サービス

AWS ではさまざまなマネージドサービスを利用可能ですが、**Amazon VPC 内サービス**と **Amazon VPC 外サービス**があります。当然 Amazon VPC 内サービスでないサービスの利用を検討している場合は、そういったサービスにはどのようにアクセスしたらよいのか。

例えば、Amazon VPC ではエンドポイントというインターネットへアクセスすることなく AWS の他のサービスへ接続できる仕組みがあります。そういったサービスを利用するのか、または、Internet Gateway または Nat Gateway 等、インターネットと接続可能なサービスを利用してインターネットを通じて AWS サービスを利用するのかなど、よく検討する必要があります。

❾ VPC エンドポイント

AWS のネットワーク内からインターネットを経由せずにサービスにアクセスするには **VPC エンドポイント**の利用が欠かせません。この機能を利用することによって VPC サブネット内で稼働するサービスから、Internet Gateway や NAT Gateway を経由せずに、閉域網で Amazon

VPC外サービスを利用することが可能です。VPCエンドポイントは2つの種類が存在します。

1つは**AWS PrivateLink**と呼ばれる**インターフェイスエンドポイント**です。

もう1つはルートテーブルに関連付けを行って利用する**ゲートウェイエンドポイント**です。ではそれぞれの特徴を見ていきましょう。

①インターフェイスVPCエンドポイント(AWS PrivateLink)

パブリックIPアドレスを利用することなく、Amazon VPCからAWSのサービスにプライベートにアクセスすることが可能なサービスです。インターフェイスVPCエンドポイントはVPC内にプライベートIPアドレスを持つ**ENI(Elastic Network Interface)**を用意します。各サービスへの接続は、このENIに割り当てられたプライベートIPアドレスを経由して行います。Internet Gateway、NAT Gateway、仮想プライベートゲートウェイは必要ありません。社内の制約によりインターネットへのアクセスが許可されないような場合PrivateLinkを利用することで閉域網でのAWSサービスへの接続が可能です。ただし、サービスによって利用可否の制約がありますので、設計の段階で利用可否を確認しましょう。

https://docs.aws.amazon.com/ja_jp/vpc/latest/userguide/integrated-services-vpce-list.html

②ゲートウェイエンドポイント

ゲートウェイエンドポイントは、AWSサービスを宛先とするトラフィックの宛先として指定するゲートウェイです。サポートされているサービスはAWS PrivateLinkと比較して少なく、Amazon S3とAmazon DynamoDBの2つです。

ゲートウェイエンドポイントにはエンドポイントポリシーというアクセス制限をかけることができます。デフォルトで関連付けられるポリシーは、サービスへのフルアクセスが許可されています。制限の内容は、例えば特定のAmazon S3へのアクセスのみを許可するポリシーや、Amazon Linux AMIのリポジトリへのアクセスを制限することも可能です。Amazon DynamoDBのアクセス制御は特定のテーブルのアクセスのみを許可することも可能です。エンドポイントポリシーはJSON形式で記述します。全てのサービスがエンドポイントポリシーをサポートしているわけではありません。

9.2 アベイラビリティゾーン（AZ）を跨ぐ通信

AWSのAZ間は、デフォルトで疎通が可能となるようにルートテーブルによりルーティングされています。通信要件の制御は、**NACL**や**セキュリティグループ**を利用して行うことになります。マルチAZで構成する際に注意しなければならないことは、アプリケーションのパフォーマンスです。

例えば、DBへの書き込みを必要とするアプリケーションを「AZ-A」に配置しているとしましょう。書き込みが行われるAmazon RDSインスタンスは「AZ-C」にあるとします。その場合は、同じAZに配置している場合と比べてパフォーマンスが劣化してしまいます。

☞ポイント

・ルーティングはデフォルトのままで通信が可能

各ルートテーブルにはAmazon VPC内で通信を有効にするローカルルートが含まれています。このルートはデフォルトで全てのルートテーブルに追加されています。そのため、アクセス制御を考慮しなければデフォルトでAZ間の通信は可能です。

・ネットワークのレイテンシに注意

AWSではAZ間通信は数ミリ秒単位のレイテンシといわれていますが、ネットワークの速度を重視するサービスの場合、リソースの配置をよく検討する必要があります。

9.3 リージョン間の通信

AWSでは**マルチリージョンアーキテクチャ**を取ることによって耐障害性の高いシステム構成をとることが可能です。ではマルチリージョンアーキテクチャとは何でしょうか？ マルチリージョンアーキテクチャとはAWSに存在する複数のリージョンを利用して、分散システムを構築することをいいます。

❶ユースケース

マルチリージョンのユースケースとしては、以下が考えられます。

①ユーザエクスペリエンス（UX）の向上

マルチリージョン構成とすることでデータを複数リージョンで保持し、ユーザからのアクセスがより近いリージョンでサービスを提供することが可能です。

②ディザスタリカバリ（DR）

例えばDRとしてバックアップサイトを他のリージョンに構築し、障害時に瞬時にリカバリする必要がある場合、AMIやデータをリージョン間でコピーしておくことによって災害時にすぐに利用することができます。また、Amazon Route 53の重みづけルーティングを利用することで、プライマリリージョンの障害時にバックアップリージョンにDNSフェイルオーバをすることも可能です。

③高い可用性の確保

リージョン間でデータを複製することによって、プライマリリージョン障害時にバックアップリージョンへのフェイルオーバが容易なため、耐障害性の高いシステムを構築することが可能です。例えばAmazon S3バケットではAWSの異なるリージョン間でオブジェクトをコピーする**クロスリージョンレプリケーション（CRR）**の機能を利用することによって1つのリージョンに配置したオブジェクトが自動的に指定した宛先のリージョンにコピーされます。

❷マルチリージョンアーキテクチャのポイント

①本当に分散させる必要があるのか

マルチリージョンアーキテクチャとする前にまずは**マルチAZアーキテクチャ**を利用しましょう。その上でマルチリージョンに展開するのであれば、目的をはっきりさせることが重要です。ジオロケーションによるユーザエクスペリエンスを向上させることなのか、または、DRのためなのか、それとも、より高い可用性を担保するためなのか。

②インフラの自動化

マルチリージョンアーキテクチャでは同じインフラの構成を横展開する形になります。そのため、インフラをコード（**IaC**）にして自動化しておくことが重要になります。

そうすることで迅速な展開が容易になります。AWSが提供するサービスでは**AWS CloudFormation**と呼ばれる、サービスのあるべき状態をJSONまたはYAML形式でテンプレート化できるサービスがあります。また、オープンソースで利用できるTerraform、Ansible、Chef、puppet等のツールもありますので、マルチリージョンの展開を考えている方は検討してみてはいかがでしょうか。

3 マルチリージョンアーキテクチャのデメリット

マルチリージョンアーキテクチャは便利ですが、以下のデメリットへの理解も重要です。

①コストがかかる

シングルリージョンに比べて倍以上のリソースを展開することになるマルチリージョンはインフラにかかるコストが高くなります。

②運用の難易度が高い

マルチリージョンは管理対象のインフラが増えるので、運用対象もその分増加し、アラートに対する自動復旧等の仕組みをサービスリリース前によく検討／検証し、なるべく人の手を必要とせずにインフラを管理する仕組みを構築しておかないと、後で運用するのが大変になってしまいます。

4 サポートサービス

以下は、マルチリージョンアーキテクチャにおけるリージョン間のネットワーク接続をサポートしてくれるサービスです。

①インターリージョンVPCピアリング

インターリージョンVPCピアリングとは、異なるリージョンで実行しているAmazon VPCリソースがプライベートIPアドレスを使用して相互に接続可能なサービスです。

ゲートウェイやVPN、個別の物理ハードウェアは必要ありません。リージョン間Amazon VPCピアリング接続はスケールアウト／インが可能な冗長性と可用性を兼ね備えたサービスであり、**単一障害点(SPOF)**や帯域幅のボトルネック等なしに、リージョン間のトラフィックを暗号化できます。

② Transit Gateway Inter-Region Peering

AWS Transit Gatewayのリージョン間ピアリング機能を利用することにより、複数のAWSリージョンにまたがるグローバルネットワークを構築することが可能です。AWS Transit Gatewayピアリングを使用するトラフィックは暗号化され、トラフィックはAWSのバックボーンに留まります。AWS Transit Gatewayのリージョン間通信サービスは11のリージョンで利用可能です(2020年11月現在)。

9.4 オンプレミスとの接続

AWSには、オンプレミスとAWSを接続する手法が2つあります。1つは**AWS Direct Connect**による専用線接続、もう1つは**VPN接続**です。

比較項目	AWS Direct Connect	VPN
料金	・キャリアの専用線サービスの契約が必要 ・VPNと比較すると高価	AWS Direct Connectと比較して安価
準備期間	・数週間～数カ月	即時
帯域	・ポート辺り1G／10Gbps ・LAGが可能	1.25Gbps程度
品質	・キャリアによる高品質回線	インターネット経由のため、ネットワーク状態の影響を受ける
障害時の切り分け	・比較的容易	自社管理外の範囲に関しては難しい

表9-4-1　AWS Direct ConnectとVPNの比較

ポイントは、どちらかの回線がダウンしてもサービスが継続できるように、AWS Direct ConnectとVPNの両方を利用してオンプレミスとAWS間の接続を冗長化することです。冗長化方式としてはVPNとAWS Direct Connectを同じ**Virtual Private Gateway（VGW）**に接続します。AWS Direct Connectをメイン回線（アクティブ）とし、VPNをスタンバイにします。この場合、Amazon VPCからのアウトバウンドトラフィックは必ずAWS Direct Connectが優先され、AWS Direct Connectに障害があった場合、VPNに切り替わります。VPNへの切り替え後はAWS Direct Connectに比べて回線品質が落ちるため**ネットワークレイテンシ**が大きくなります。

❶ AWS Direct Connect

AWS Direct Connectとは、オンプレミスのデータセンターとAWS間に専用線を引いてAWSに接続する方式です。AWS Direct Connectを使用することによりAWSとデータセンター、オフィスまたは、コロケーション環境との間にプライベート接続を確立することができます。

AWS Direct Connectを利用することにより以下のメリットがあります。

①帯域幅コストを削減

AWSへのIN／OUTの通信を直接行うことにより、ISPとの帯域契約を減らすことが可能です。また、AWS Direct Connect接続を介して転送されるデータは、インターネット経由のデータ転送料金と比較して割引が適用されます。

②安定したネットワーク品質

AWS Direct Connectは専用線を使って接続しているため、VPN接続と比較してネットワークスループットが安定しています。

❷ VPN

AWSでは複数のさまざまなVPN接続を利用可能です。AWS Direct Connectと比べてネットワークの品質は落ちますが、準備期間が短いこと、比較的安価に始められることが特徴です。

① AWS Site-to-Site VPN

Amazon VPCとリモートネットワーク間で、IPSec-VPN接続を確立することができます。

VPN接続元となるAWS側では仮想プライベートゲートウェイまたはトランジットゲートウェイから選択でき、それぞれのサービスは自動フェイルオーバのための2つのVPNエンドポイントを提供しています。

② AWS Client VPN

AWS Client VPNはAWS外からAWSに安全にアクセスできるようにするクライアントベースのマネージドVPNサービスです。AWS Client VPNを利用するとOpneVPNベースのVPNクライアントを利用して、どこからでもAWS内のリソースにアクセスすることができます。

③ AWS VPN CloudHub

複数のSite-to-Site VPN接続が存在する場合、AWS VPN CloudHubを利用することによって、安全なサイト間通信が実現できます。サイト間通信はVPCだけではなく、各拠点同士の接続も可能です。

3 ユースケース

AWSとオンプレミスとの接続方式が確認できたところで、次はネットワーク設計におけるよくあるユースケースの解決方法を見てみましょう。

① Amazon VPC内からAmazon VPC外サービスへアクセスするには

方法が3つあります。

・Gateway型VPCエンドポイントを経由してアクセスする方法

・Interface型エンドポイントを経由してアクセスする方法

・NAT Gatewayを経由してアクセスする方法

②オンプレミス ⇨ Direct Connect ⇨ VPC ⇨ VPC外サービスにアクセスするには

方法が4つあります。

・オンプレミスからAmazon VPC内に起動したProxyサーバを経由してGateway型エンドポイント経由でアクセスする方法

・オンプレミスからAWSのVPC内にあるInterface型エンドポイントを経由してアクセスする方法。Interface型エンドポイントにはセキュリティグループの関連付けが可能なため、オンプレミスからのアクセス制御をかけたい場合はセキュリティグループを利用することにより実現できます。
・PrivateLinkを作成しPrivateLink経由でアクセスする方法
・Public VIF経由でのアクセス

③オンプレミス／AWS間の名前解決

Route 53 Resolver Endpointを利用することによりオンプレミスとAWS間の名前解決が可能です。Route 53 Resolver EndpointではインバウンドとアウトバウンドのDNSクエリ用としてAmazon VPC内にENIを作成します。オンプレミスとAWS間の名前解決はこのENIを経由して転送されます。オンプレミスからAmazon VPC内リソースの名前解決をしたい場合は**インバウンドエンドポイント**を作成します。Amazon VPC内リソースからオンプレミスに名前可決する場合は**アウトバウンドエンドポイント**を利用します。

④同一アカウント内のVPC間名前解決

同じアカウントで同じAWS Transit Gatewayを利用して接続している場合お互いのリソースの名前解決にRoute 53 Resolver Endpointを作成する必要はありません。同じアカウントでVPCピアリング接続を利用して接続している場合、名前解決オプションを有効化することによって、VPCピアリング接続しているAmazon VPC間での名前解決が可能です。

⑤クロスアカウントのAmazon VPC間での名前解決

クロスアカウントでの名前解決にもRoute 53 Resolver Endpontを作成することによって相互に名前解決が可能です。

⑥オンプレミスとAWSの接続の信頼性向上

AWS利用時は、ほとんどのサービスで物理環境の冗長性を意識することはないでしょう。しかし、オンプレミスとAWSとのネットワーク接続をする際には物理的に接続を行っているため、冗長化を行い、信頼性を上げる必要があります。

冗長化を行うと信頼性が上がりますが、その分バックアップ回線の費用がかかり、結果としてコストが増えます。余計なコストを増やさないためにも冗長化が必要ないパターンも検討しましょう。例えば、検証環境のネットワークの場合はネットワークの停止に伴いサービスが中断されることはないでしょうから、冗長化する必要は

冗長化の方法	ポイント
複数の AWS Direct Connect 接続の併用	・この方式は料金がかかる反面、一貫性のある通信品質と安定した帯域を確保することが可能です。この方式では異なる AWS Direct Connect ロケーションにっ接続を行い、Active-Active または Active-Standby をオンプレミス側のルータで制御を行い冗長化します。複数キャリアを利用して冗長化することも可能です。 ・何も設定しない場合、AWS Direct Connect は Active-Active 構成となりトラフィックはバランシングされます。Active-Standby としてトラフィックを片寄せする必要がある場合は、オンプレミス側のネットワーク機器にて BGP のアトリビュートを設定することで対応できます。
AWS Direct Connect と VPN 接続の併用	・この方式はメイン回線を AWS Direct Connect で利用し、バックアップ回線として VPN 接続を利用するパターンです。AWS Direct Connect のバックアップ回線として AWS Site-to-Site VPN を利用し、同じ Virtual Private Gateway（VGW）に接続します。VPC=>AWS への宛先としてオンプレミスの CIDR と同じプレフィックスを指定した場合、必ず AWS Direct Connect が優先されます。
インターネット回線の冗長化	・この方式はダイレクトコネクトや VPN を利用せずにインターネットを経由してオンプレミスと AWS を接続する方式です。
マルチリージョン冗長化	・東京リージョンを利用する場合バックアップサイトを大阪リージョンに構築し AWS Direct Connect のロケーションを東京と大阪で冗長化することによって可用性を増すことができます。この構成の場合、東京リージョン全域がダウンした場合でも大阪ロケーションに接続した AWS Direct Connect は独立したバックボーンを備えているため、サービスの継続が可能です。

表 9-4-2　冗長化のポイント

ありません。またネットワークに対する**目標復旧時間（RTO）**や**目標復旧時点（RPO）**が障害を見越した時間を含めて明確に決まっており、それまでにデータが再送されれば問題ないようなシステムの場合もネットワークを冗長化する必要はないでしょう。オンプレミスとの接続を冗長化する方式を、表9-4-2にまとめます。

9.5 他のアカウントの Amazon VPC への接続

AWSでの構築の際には、別のアカウントのAmazon VPCに接続したくなる場合があります。その方法は以下の2つがあります。

❶ VPC ピアリング接続

他のアカウントのAmazon VPCとの接続を行う場合は、**VPC ピア**

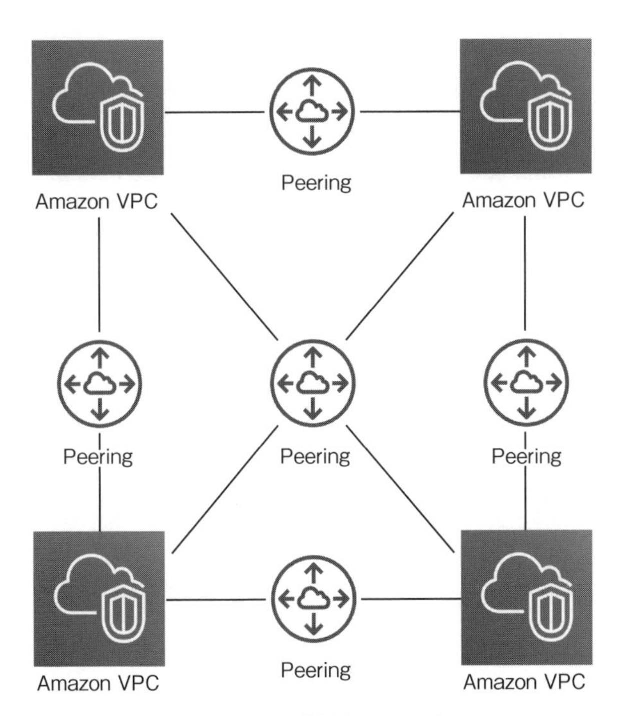

●図 9-5-1　VPC ピアリング接続イメージ図

リング接続を行うことになります。VPC ピアリング接続とは、異なる Amazon VPC 間でプライベートなトラフィックのルーティングを可能にするネットワーク接続のことです。VPC ピアリング接続は異なる AWS アカウントや異なるリージョンの Amazon VPC とも可能です。VPC ピアリング接続は**単一障害点（SPOF）**や帯域幅のボトルネックは存在しません。

❷ AWS Transit Gateway

もう1つの方法は、**AWS Transit Gateway** です。

AWS Transit Gateway と VPC ピアリング接続との違いは、ネットワークが簡素化されることにあります。VPC ピアリング接続の場合相互に接続が必要になるため、フルメッシュ型の接続になりますが、AWS Transit Gateway を利用することによりスター型での接続が可能になります。

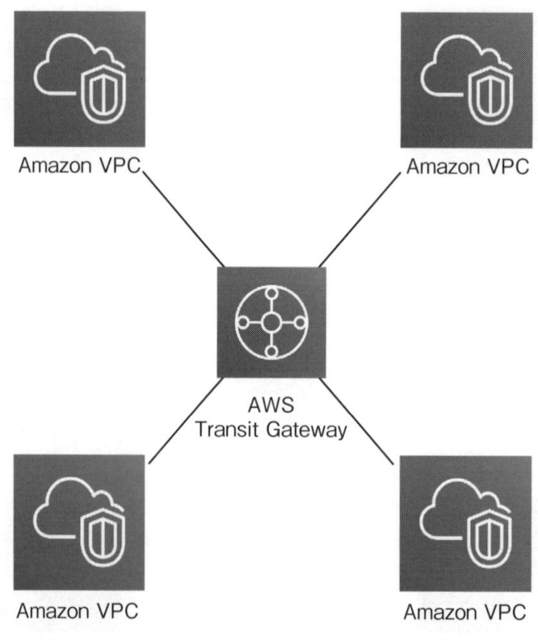

●図 9-5-2　AWS Transit Gateway 接続イメージ

第10章 運用・保守の検討

これまでの章では主にシステム設計や構築に関して述べてきました。

この章では構築されたサービスをどのように運用・保守していくのかに焦点をあてて解説します。

10.1 バックアップ

AWSの利用に関わらず、バックアップを取得することは重要です。では、AWSでバックアップを取得する場合どのようなことを考慮すればよいのでしょうか。

検討事項	検討内容
RTO（目標復旧時間）	・障害が発生してからどれくらいの時間で復旧できればよいのか？ ・障害が発生した場合に既存のバックアップからRTOの範囲内で復元することができるのか。また、復元可能なようにバックアップを取得しているのかを考える必要があります。
RPO（目標復旧時点）	・障害が発生してから過去のどの時点までにデータを復旧できればよいのか？ ・特に24時間365日稼働しているようなサービスでは、RPOが10分以内等である場合も考えられます。RPOの要件によってはバックアップの頻度も増え、それに付随するコストも高くなります。
バックアップデータの保護と暗号化	・AWSで取得したバックアップはAWS KMS管理キー（SSE-KMS）を使用して暗号化することが可能です。暗号化する方法はリソースタイプによって異なり、リソースの種類によっては、バックアップのソースとなるリソースの暗号化に使用したキーとは異なる暗号化キーでバックアップを暗号化する機能がサポートされています。この機能はバックアップをさらに強固に保護することに役立ちます。

次頁へ続く

データバックアップの自動化	・AWSではさまざまな自動バックアップサービスを用意しています。 ・手動でバックアップの仕組みを作成するのは大変なため、これらのマネージドサービスを利用し、バックアップの自動取得を実装することをお勧めします。例えばAWS Backupを利用することにより、クラウドおよび、オンプレミスのAWSサービス間でデータのバックアップを一元管理、自動化できます。サービスの利用者はサービス毎のバックアップタスクを作成する必要もありません。AWS Backupコンソールで数回クリックして設定するだけで、バックアップのスケジュールと保存管理を自動化するバックアップポリシーを作成できます。
カオスエンジニアリング	・カオスエンジニアリングとは実際に動いているシステムに疑似的な障害を発生させることにより、本当の障害にも耐えられるようにする動きのことをいいます。障害のないシステムを構築することは不可能なので、障害が発生することを前提としてどう耐性を付けていくのかを考えるのがこの手法の特徴です。 ・カオスエンジニアリングにおけるリスク低減の考え方の1つは、「小さい部分から始める」です。まずは小規模の障害から初めて、成功したら徐々に障害の規模を大きくしていきます。2020年のre:InventにてAWSマネージドサービスとしてカオスエンジニアリングを実現するAWS Fault Injection Simulator[55]が発表されました。こういった機能を利用するのも検討してみてはいかがでしょうか。

表 10-1-1　AWS におけるバックアップの検討事項

❶ バックアップのアーキテクチャとサービス

次に、AWS で実現するバックアップのアーキテクチャとそれに付随するサービスを取り上げます。AWS ではバックアップの自動化サービスを用意しているため、これらのサービスを利用することによってバックアップ取得に関連する手間を省くことができます。

① AWS Backup

AWS Backup は、追加料金なしで利用可能な AWS が提供するバッ

55 AWS Fault Injection Simulator
https://aws.amazon.com/jp/fis/

クアップ機能です。ただし、各サービスのバックアップデータに関しては、追加料金が発生します。

AWS Backupがバックアップ対象にできるサービスは、以下の通りです。

Amazon FSx	Amazon Aurora
Amazon EFS	Amazon RDS
Amazon DynamoDB	Amazon EBS
Amazon EC2	AWS Storage Gateway

AWS Backupを使用することによって、AWSリソースのバックアップアクティビティを一か所でモニタリングすることが可能です。また、AWS Backupが登場する前はAWS Lambda等を利用して独自にバックアップを実装していたと思いますが、その必要もなくなり、全てAWS Backupに統合することができます。

AWS Backupでは以下のことが可能です。

①バックアップの一元管理

AWS Backupでは、バックアップコンソール、バックアッププラン、およびAWS CLIを提供しています、AWS Backupコンソールからバックアップおよびバックアップの一元管理が行えます。またバックアップのアクティビティログの取得も可能なため、バックアップの監査とコンプライアンスの確認が容易に可能です。

②リージョン間バックアップ

AWS Backupでは、バックアップのコピーを複数のリージョンに対して作成することが可能です。バックアップのコピーは自動バックアッププランの中に組み込むこともできますし、オンデマンドでコピーすることも可能です。この機能を利用することによってプライマリリージョンで障害が発生した際に、バックアップリージョンでのシステム復旧プロセスを迅速に行うことができます。

③クロスアカウント管理

AWS Backupでは、AWS Organizationsで管理されているアカウント全てのバックアップを一元管理できます。クロスアカウント管理では、バックアップポリシーを自動的に使用して、AWS

Organizationsの管理下にAWSアカウント全体にバックアッププランを適用することが可能です。この機能を利用することによって、個々のアカウントでバックアッププランを作成する必要もなくなり、運用のオーバーヘッドを大幅に削減することができます。

④豊富なバックアップソリューション

AWS Backupでは2つのバックアップソリューションが存在します。

1つは、デフォルトで用意されているバックアッププランを利用する方法。

もう1つは、自分でバックアッププランを作成してバックアップを取得する方法です。

バックアップ対象のリソースはタグベースで分類することも可能です。

⑤バックアップのモニタリング

AWS Backupのダッシュボードを利用することで、AWSサービス全体のバックアップの管理が行えます。また、AWS BackupはAWS CloudTrailと統合されているため、AWS CloudTrailを利用してバックアップアクティビティログを一元管理できます。また**Amazon SNS**と連携することによって、バックアップの成功／失敗等のアクティビティを通知することもできます。

⑥ライフサイクル管理

現在は、Amazon Elastic File System（EFS）のバックアップのみライフサイクル管理がサポートされており、ファイルシステムのバックアップをウォームストレージからコールドストレージに移行するライフサイクルポリシーを定義することが可能です。

また、全てのバックアップデータに関して、保持期間を設定できます。

⑦バックアップへのアクセス制御

AWS Backupで取得したバックアップを整理するために利用される**バックアップボールト**と呼ばれるコンテナに対するバックアップアクセスポリシーを設定することによって、ボールト内のバックアップに対してアクセス許可を持つユーザと実行可能なアクションを定義することができます。

● CreateSnapshot APIの利用

AWS Lambda等を経由して**CreateSnapshot API**を実行することによってバックアップを取得する方法です。利用しているバックアップス方式が既に存在し、併用したい場合はこちらの方法を利用することをお勧めします。APIの利用に関しては料金がかかりません。

❷ Amazon Data Lifecycle Manager（Amazon DLM）

Amazon DLMを利用するとAmazon EBSボリュームに保存されたデータのバックアップを自動取得することができます。管理対象のAmazon EC2の台数が多い場合にAmazon EBSのスナップショットの取得から削除までを一貫して管理できるので便利です。

Snapshotの取得間隔は1, 2, 3, 4, 6, 8, 12, 24から選択でき、最小1世代から最大1,000世代まで残すことができます。上記の設定はバックアップポリシーという設定で定義でき、バックアップ対象のボリュームはタグ毎に管理することができます。また、バックアップポリシー自体もリージョン毎に最大100個まで作成することができます。

❸ AWS Systems Manager Run Command

AWS Systems Manager Run Commandは、Windowsのバックアップを取得する場合に向いています。**VSS（Volume Shadow Copy Service）**と連携することにより、Microsoft SQL Server等のマイクロソフト製品に対して、アプリケーションの一貫性を保ったAmazon EBSのスナップショットを取得することができます。

Amazon CloudWatch EventsのルールとAWS Systems Manager Run Commandの**AWSEC2-CreateVssSnapshot**を併用することによって、定期的なsnapshotの取得を実現できます。

10.2 監視

AWSでのシステム監視の検討事項は多岐にわたります。

ここではAWSで監視を行う際に必要となるサービスを解説します。

1 Amazon CloudWatch

Amazon CloudWatchとは、AWSにデプロイされているリソースやアプリケーション、また、オンプレミスのリソースもモニタリング可能なサービスです。

オンプレミスでAmazon CloudWatchを利用する際はPrivate Linkを利用することにより閉域網での通信が可能です。

Amazon CloudWatchは以下のコンポーネントが組み合わさって構成されています。

① Amazon CloudWatchメトリクス

Amazon CloudWatchメトリクスは、Amazon CloudWatchに発行された時系列のデータポイントのセットのことを指します。各メトリクスはメトリクス名を持ちます。

データポイントはタイムポイントと測定単位を保持しており、メトリクスの値は作成されたリージョンでのみ保持されます。

メトリクスデータは、基本は1分でデータが生成され、高解像度のカスタムメトリクスを利用すると最短1秒単位のデータが利用可能です。

取得したメトリクスは、**数式（Metric Math）**を利用して新しいメトリクスを作成することも可能です。AWSがデフォルトで提供するメトリクスには限界があるため、ユーザが独自に発行するカスタムメトリクスを作成することも可能です。カスタムメトリクスは**"PutMetricData"** API経由で発行します。カスタムメトリクスの値は最短1秒から発行可能です。

● CloudWatchエージェント

統合**CloudWatchエージェント**をAmazon EC2またはオンプレミスのサーバにインストールすることにより、Amazon CloudWatchメトリクスと Amazon CloudWatch Logs の両方のログを単一のエージェントで収集可能です。

エージェントは Linux、Windows の両方で利用可能です。

● Amazon CloudWatch アラーム

Amazon CloudWatch メトリクスを監視し、**アラーム**を発行することが可能です。

通知だけでなく、Amazon EC2 を再起動する等の自動アクションを実行することも可能です。アラームのステータスは **OK** ／ **ALARM** ／ **INSUFFICIENT_DATA** の 3 種類から構成されます。OK と ALARM のステータスはサードパーティの監視ツールでもありますが、INSUFFICIENT_DATA はデータ不足のステータスとなっており、Amazon CloudWatch 特有のステータスとなっています。Amazon CloudWatch では、欠落データに関して以下の処理を設定することが可能です。

オプション	処理
missing	・評価範囲内のデータポイントが無い場合、INSUFFICIENT_DATA に移行する。
notBreaching	・欠落データポイントは良好と評価され閾値内として扱われる。
breaching	・欠落データポイントは不良と評価され閾値超過として扱われる。
ignore	・現在のアラームが維持される。

表 10-2-1　CloudWatch における欠落データの処理

Amazon CloudWatch アラームを使用することで、例えば、AWS の課金状況を監視し、一定金額を超えた場合に Amazon SNS を経由して通知することができます。

● Amazon CloudWatch Logs

Amazon CloudWatch Logs は AWS 上で発行されたログの監視、保存、検索ができるサービスです。

ログの保存期間は、1 日～永久保存（失効しない）まで選択可能です。

ログ	階層
ロググループ	・Amazon CloudWatch Logs の最上位の階層。複数のログストリームがロググループ内に保存される。
ログストリーム	・モニタリングを実施しているリソースのイベントをタイムスタンプ順で保存する。
ログイベント	・モニタリング対象のリソースによって記録されたアクティビティのレコード。発行された生のイベントが記録される。

表 10-2-2　Amazon CloudWatch Logs が保存されるディレクトリ階層

Amazon CloudWatch Logs 上のログは Amazon S3 へのエクスポートも可能です。

Amazon CloudWatch Logs では、**メトリクスフィルター**という文字列のフィルタリング機能も利用可能です。また、Amazon CloudWatch Logs ではリアルタイムにフィルタリングを行い、他のサービスと連携可能なサブスクリプションフィルターの機能も提供しています。例えば、アプリケーションの重大なエラーをサブスクリプションフィルターによってフィルタリングを行い、フィルターに一致するエラーが発生した場合に、AWS Lambda によってアプリケーションの再デプロイを実行したりすることが可能です。

● Amazon CloudWatch Logs Insights

Amazon CloudWatch Logs Insights を利用することで、Amazon CloudWatch Logs に保管されているログデータをインタラクティブに検索して分析することが可能です。Amazon CloudWatch Logs Insights では以下の 5 つのシステムフィールドが自動的に生成されます。

また、Amazon CloudWatch Logs Insights でクエリをかけたデータは可視化することも可能です。

フィールド	説明
@message	・生の未解析のログイベント
@timestamp	・ログイベントのイベントタイムスタンプ
@ingestionTime	・ログイベントが Amazon CloudWatch Logs によって受信された時間
@logStream	・ログイベント追加先のログストリーム名
@log	・ロググループ識別子 ・account-id:log-gorup-name の形式

表 10-2-3　Amazon CloudWatch Logs Insights で生成される 5 つのシステムフィールド

● Amazon CloudWatch Events

AWS 上のリソースの変更を示すシステムイベントをトリガーとしてターゲットを呼び出すことが可能です。作成したルールは有効化／無効化が可能です。**Amazon CloudWatch Events** は **cron 式**や **rate 式**もサポートしているため、例えば、日時でバックアップ取得の AWS Lambda を呼び出す等の処理も容易に実装可能です。Amazon CloudWatch Events では **AWS Health** という AWS 自体のサービスの稼働状況の監視も可能なため、利用しているサービスの AZ 障害やリージョン障害をトリガーとしてアクションを起こすことも可能です。

● Amazon CloudWatch Anomaly Detection

Amazon CloudWatch Anomaly Detection は、Amazon CloudWatch アラームの閾値の範囲設定が機械学習により自動的に設定されるサービスです。機械学習のモデルは、要件に応じて調整することも可能です。また、同じ Amazon CloudWatch メトリクスに対して複数のモデルを使用することもできます。

❷ 監視できないメトリクスへの対応

AWS では上記のようなさまざまな監視サービスを提供していますが、監視できないメトリクスもあります。そういった痒いところに手が届くサードパーティのサービスをいくつかご紹介します。

① Datadog

Datadog は、インフラストラクチャメトリクス、トレース、ログといった全ての可観測性データを１つの統合プラットフォームにまとめて監視することができます。視覚化、トラブルシューティング、機械学習、アラーティングによりインフラ全体を俯瞰的に表示できます。自動生成されたログをベースにホストのソートやフィルタリングが可能であり、サーバやコンテナがどのように連携しているのかも可視化できます。

メールやSlack等と連携してアラートを発報することも可能であり、機械学習を用いた異常検出も可能なサービスです。アラート内容に相関するトラブルシューティングデータを提供します。

https://www.datadoghq.com/ja/

② Mackerel

Mackerel は、監視対象のサーバにmackerel-agentをインストールすることでホストの状況やアプリケーションの状態を監視できるSaaS型のサーバ監視サービスです。AWSだけでなくAzure、GCP等のマルチクラウドにも対応しています。

https://mackerel.io/ja/

③ Zabbix

Zabbix はオンプレミスの監視でも利用者が多い監視ツールですが、AWSの監視も可能です。

Amazon CloudWatchメトリクスの統合管理やAmazon SNSからの通知連携、検知したアラートを元にAWS Lambdaをキックすることもできます。

https://enterprise.zabbix.co.jp/

④ Nagios

Nagios はオープンソースの監視ツールで、サーバ、ネットワーク、アプリケーションの監視に対応しています。アドオンが複数用意されており、機能拡張が可能です。

https://www.nagios.org/

10.3 監査

AWSには、監査の機能も搭載されています。ここではAWSで実施する監査について説明します。

❶ AWS CloudTrail

AWS CloudTrailとは、AWSユーザの操作（API）をロギングするサービスです。

ルートアカウントやIAMユーザがAWSマネジメントコンソール、AWS SDK、AWS CLI等のAWSサービスを通じて実行したアクションを含む、AWSアカウントのアクティビティ履歴を提供します。ロギングデータはAmazon S3に保存されます。AWS CloudTrailの取得したログファイルは、暗号化されてgz形式でAmazon S3に保存されます。AWS CloudTrail自体の利用は無料ですが、アクティビティのログを保管するためのAmazon S3の利用料金がかかります。

①ログの集約

AWS CloudTrailは、1つのAWSアカウント上の複数のリージョンのログを、1つのAmazon S3バケットに集約することが可能です。

②ログファイルの整合性の検証

AWS CloudTrailによって記録されたログファイルが変更、削除されていないかどうかを確認することが可能です。この機能によりログの改竄やログの消去を防ぐことが可能です。ログファイルの検証プロセスにはAWS CloudTrailによって配信されたログファイルに付与されたハッシュ値を利用して行われます。

③ AWS CloudTrail Insights

AWS CloudTrailにより取得したアクティビティログをAWSマネージド環境で機械学習させ、通常とは異なる挙動が確認された場合に異常として検知してくれるサービスです。全てのリージョンで利用可能です。

2 AWS Config

AWS Config とは誰が（who）、いつ（When）、何を（What）したかを自動的に記録し確認ができる、言い換えると構成管理を自動的にできるサービスです。AWS Config を利用することによって、構成変更の追跡、セキュリティ分析、トラブルシューティング、コンプライアンス遵守を容易に確認できます。

リソースの変更履歴は 30 日間～ 7 年間の間を指定し、定期的にスナップショットとして Amazon S3 に保存されます。Amazon SNS を利用した通知も可能です。

3 監査項目

監査項目は、表 10-3-1 のようになります。

4 AWS Config の各機能

AWS Config の機能は、表 10-3-2 のようになります。

5 サポートされているリソースタイプ

サポートされているリソースタイプは、以下の Web ページに掲載さ

項目	内容
リソース	・各リソースに対する呼び出しのポーリングを行い、リソースの作成、変更、削除を継続的に評価できるため、リソースの設定に対するガバナンスを強化することができます。
監査とコンプライアンス	・リソースに対する設定変更履歴にアクセスし、自社のポリシーに準拠しているかどうか監査することができます。
設定変更の管理、トラブルシューティング	・リソースを変更する前に他のリソースとの関連性を確認できるため、変更の影響を判断することができます。
セキュリティ	・変更履歴が保持されている期間内であれば、特定時点での IAM ユーザのアクセス許可や、セキュリティグループの許可している通信等の情報を確認することができます。

表 10-3-1　監査項目

れています。

https://docs.aws.amazon.com/ja_jp/config/latest/developerguide/resource-config-reference.html

機能	内容
設定ストリーム	・AWS Configで記録しているリソースに関連する全ての設定項目の自動更新リストのことを設定ストリームといいます。設定ストリームはリソースの作成、変更、削除を追跡し追加します。設定ストリームでは設定変更をリアルタイムに把握し、Amazon SNSと連携して通知することもできます。
設定履歴	・設定履歴とは特定のリソースに対する設定項目の履歴です。特定のリソースに対する、特定時点での設定内容や変更内容を確認できます。設定履歴はユーザ指定のAmazon S3バケットに自動的に配信されます。リソースの履歴にはAPI経由でのアクセスも可能です。
設定スナップショット	・ある特定時点でのコンフィギュレーションファイルの集合です。設定スナップショットを利用することで誤設定をしているリソースや不要なリソースの発見を行うことが可能です。

表10-3-2　AWS Configの各機能

6 AWS Configルール

AWS Configルールを利用すると、設定内容がコンプライアンスに準拠しているかを確認することができます。

7 評価方式

①準拠すべきルールを設定

評価を実行するために、事前に評価ルールを設定する必要があります。

ルールは2つあります。

1つは、マネージドルールと呼ばれるAWSにより定義／提供される汎用性の高いベーシックなルールです。

もう1つは、カスタムルールと呼ばれる自分で作成する評価ルールです。カスタムルールはAWS Lambdaをベースに作成でき、ルールの管理は作成者自身で行います。マネージドルールにコンプライアンスに則った評価ルールが不足の場合は、こちらも利用することになります。

②トリガーでルールの評価

トリガーの種類は以下の表の2つがあります。

設定変更と定期実行の両方を指定した場合、その両方のトリガーでルールの評価が実行されます。

トリガーの種類	内容
設定変更	・評価対象のリソースが作成、変更、削除されたタイミングでルールを適用し評価を実施します。スコープを使用することで評価をトリガーするリソースを制限することも可能です。
定期	・指定した任意のタイミングで AWS Config のルール評価が実行されます。

表 10.3.3　トリガーの種類

8 非準拠リソースの修復

AWS Config ルールで評価したリソースがルールに準拠していなかった場合、リソースの設定を修復することが可能です。修復は **AWS Systems Manager Automation ドキュメント**を利用して実施されます。非準拠リソースに対する修復は手動、または自動のいずれかから選択することが可能です。コンプライアンス違反を検出したログをトリガーとして AWS Lambda を実行し、より細かい修正アクションを実行することもできます。

9 AWS Config におけるベストプラクティス

AWS Config におけるベストプラクティスは、以下の Web ページに掲載されています。

https://aws.amazon.com/jp/blogs/mt/
aws-config-best-practices/

10.4 標準化

AWSにおける標準化とは何でしょうか。構築業務の標準化、運用業務の標準化、アカウント管理の標準化、セキュリティの標準化等考慮しなければならないことが沢山存在します。ここではそういった標準化を推進するためのサービスを紹介します。

10.4.1 AWS CloudFormation

AWS CloudFormationとは、AWSリソースの環境構築を、設定ファイルを元に自動化できるサービスです。テンプレートはJSONまたはYAML形式を利用して記載します。サービスの利用にあたり追加料金は必要ありません。

AWS CloudFormationの理解には以下の用語に注意してください。

テンプレート：別名CFnテンプレートともいいます。JSONまたはYAML形式のテキストでAWSリソースを定義します。このテンプレートを元にAWS CloudFormationではリソースの作成／変更を行います。

スタック：テンプレートに定義されたリソースの集合です。テンプレートに記載されていないリソースは作成しません。

❶ AWS CloudFormationの3つのアクション

AWS CloudFormationではAWSリソースに対して以下の3つのアクションができます。

①作成

CFnテンプレートに定義された構成で、リソースの集合であるスタックを作成します。リソース間の依存関係はAWS CloudFormationが自動的に解決します。

例えば、Amazon EC2を作成するには**セキュリティグループ**が必要ですが、同じスタックに両方のリソースが定義してある場合、セキュリティグループを作成してからAmazon EC2を作成してくれます。

②変更

リソースの変更は、サービスによって無停止/再起動/再作成のいずれかのアクションが発生します。**変更セット**と呼ばれるスタックの変更を事前に確認する機能があります。

③削除

CFn テンプレートによって作成されたスタックは削除することも可能です。特定のリソースのみ削除時に残すことも可能です。構築時に削除保護を付与している場合、スタック削除の際に削除されず、削除エラーになる点にご留意ください。

❷ AWS CloudFormation の構築の流れ

AWS CloudFormation を利用した構築は以下の流れになります。

① CFn テンプレート作成

JSON または YAML の形式で記述します。

AWS サーバーレスアプリケーションモデル（AWS SAM）[56]、AWS Cloud Development Kit（CDK）（10.5 自動化）、サンプルテンプレートを利用することで一から記述するよりは比較的容易に CFn テンプレートを記載することが可能です。

サンプルテンプレートは、以下にあります。

https://docs.aws.amazon.com/ja_jp/AWSCloudFormation/latest/UserGuide/sample-templates-services-us-west-2.html

②テンプレートアップロード

作成したテンプレートは AWS マネジメントコンソールや AWS CLI 経由で Amazon S3 にアップロードします。スタック作成を行う際にテンプレートをアップロードすることも可能ですが、その場合 AWS により自動的に Amazon S3 バケットが作成されてしまうため、事前に Amazon S3 バケットを作成しておき、テンプレート管理用バケットとしてバージョン管理を行ったほうがよいでしょう。

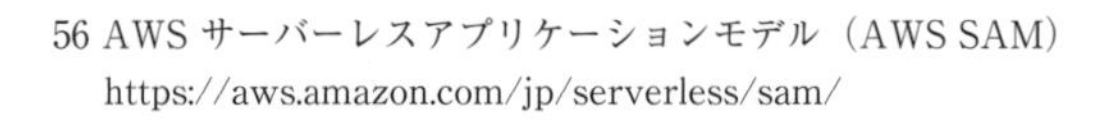
56 AWS サーバーレスアプリケーションモデル（AWS SAM）
https://aws.amazon.com/jp/serverless/sam/

③スタックの作成

AWSマネジメントコンソール、AWS CLI、AWS SDKのいずれかを利用してスタックを作成します。スタックを作成する際は、Amazon S3にアップロードしたテンプレートを指定します。また、テンプレート内でParametersを記述している場合は、パラメータの値を引数として渡します。

④スタックの管理

スタックは一度作成して終わることはほとんどなく、運用していく上で変更を伴います。再度テンプレートをAmazon S3にアップロードするスタックは更新されます。

10.4.2 AWS Service Catalog

AWS Service Catalogとは、仮想マシンイメージ、サーバ、ソフトウェア、データベース、アプリケーションといったITサービスのカタログを作成および、管理できるサービスです。このサービスを利用することにより、ITサービスの集中管理が可能になり、一貫性のあるガバナンスを達成することができます。AWS Service Catalogを利用することでガバナンスやセキュリティを担保しつつ、開発者やIT担当者がセルフサービスでAWSサービスをプロビジョニングできるようにすることが可能です。

AWS Service Catalogの理解には、以下の用語に注意してください。

製品：製品は、AWS CloudFormationテンプレートをパッケージ化したものです。1つ以上のAWSリソースから構成されています。製品はバージョン管理が可能です。

ポートフォリオ：ポートフォリオは製品の集合です。ポートフォリオの単位でユーザに製品の使用を許可することができます。ポートフォリオを他のAWSアカウントに共有することも可能です。

制約：制約により、製品のデプロイ手法を制御できます。ポートフォリオごとに各製品に制約を追加します。制約には以下の3つがあります。

起動制約：エンドユーザが製品を起動する際に、AWS Service Catalogが引き受けるIAMロールです。起動制約を利用することによりユーザの権限を最小限に保ったまま製品を起動することが可能です。

通知制約：Amazon SNSトピックを使用してスタックのイベントに関する通知を受け取ることが可能です。

タグの更新の制約：AWS Service Catalogによってプロビジョニングされた製品に関連付けられたリソースタグの更新を、ユーザに許可または禁止することが可能です。

スタックセットの制約：AWS CloudFormation StackSetsを使用した製品のデプロイオプションを設定できます。製品の起動はマルチアカウント、マルチリージョンを指定できます。

テンプレート制約：製品を起動する際に、ユーザが使用できるパラメータを制限することが可能です。

1 AWS Service Catalogを利用することによるメリット

①標準化

管理対象のサービスに対して、制限をかけることが可能なため、組織全体として製品をデプロイするために標準化された環境を実現できます。

②ガバナンス

ポートフォリオを利用することによってIAMユーザのアクションに制限をかけることが可能です。

③拡張性とバージョン管理

ポートフォリオの製品を新しいバージョンに更新すると、参照する全てのポートフォリオで全ての製品に対して更新が伝播されます。

2 AWS Service Catalogを利用したアーキテクチャパターン

アーキテクチャパターンには、以下のものがあります。

①マスターアカウント集中管理

マスターアカウントで製品を一元管理します。各アカウントはマスターアカウントから共有されたポートフォリオをローカルポートフォリオに製品をコピーして利用します。

②権限分離

ユーザの役割毎に権限を分離します。AWS管理者、IT担当者、開発者等ユーザの役割によって権限を分離します。

③製品分離

製品同士の依存関係によってサービスを起動できるかどうか制限します。

例えば特定の製品によって起動されたVPCでのみ製品を起動できるようにテンプレート制約を動的に追加します。

10.4.3 EC2 Image Builder

EC2 Image Builderは、Amazon EC2またはオンプレミスで使用するLinuxまたはWindows Serverイメージの作成、メンテナンス、検証、共有、デプロイを一貫してできるサービスです。簡潔にいうとゴールデンイメージの作成を容易にするサービスです。

❶ EC2 Image Builderの機能

EC2 Image Builderには、以下の機能があります。

①イメージ作成の自動化

OSイメージのビルド／カスタマイズ／デプロイを実施するための自動化されたパイプラインの作成が可能です。

②セキュリティ

セキュリティとコンプライアンスを満たした最新のイメージを作成できます。

③オンプレミス対応

VM Import／Exportとの組み合わせも可能で、オンプレミスでも利用可能です。

④検証

イメージを本番環境で利用する前に検証する仕組みを作成可能です。

⑤リビジョン管理

AWS アカウント間での自動化スクリプト、レシピ、イメージの共有が可能です。

2 EC2 Image Builder の構成要素

EC2 Image Builder には、以下の構成要素があります。

①コンポーネント

コンポーネントは、**ビルドコンポーネント**と**テストコンポーネント**の 2 つがあります。ビルドコンポーネントとは、ソフトウェアパッケージのダウンロード、インストールをするための手順を定義するドキュメントです。

テストコンポーネントは、ソフトウェアパッケージで実行するテストを定義するドキュメントです。

②イメージレシピ

イメージレシピは作成するイメージ（AMI）の設計書です。

ソースイメージと、適用するコンポーネント（ビルド／テスト）を定義します。

③イメージパイプライン

イメージパイプラインはイメージ作成を自動化するための設定です。

イメージレシピ、インフラの設定、配布設定、実行契機をパイプラインとして定義します。

❸ EC2 Image Builder 対応 OS

対応 OS を以下に挙げます（執筆時点）。

Amazon Linux 2
Windows Server 2019/2016/2012 R2
Windows Server version 1909
Red Hat Enterprise Linux（RHEL）8 and 7
CentOS 8 and 7
Ubuntu 18 and 16
SUSE Linux Enterprise Server（SLES）15
https://docs.aws.amazon.com/imagebuilder/latest/userguide/what-is-image-builder.html#image-builder-os

❹ EC2 Image Builder ログ出力

EC2 Image Builder は、Amazon S3 または Amazon Cloud Watch Logs にログ出力が可能です。

Amazon CloudWatch Logs への出力はデフォルトで有効になっています。Amazon S3への出力はImage Builderロールに Amazon S3バケットへの PutObject 権限が必要です。

EC2 Image Builder は AMI 作成からテストまでを一貫して自動化できるサービスです。本番リリース前にテストをすることで問題を検出することも可能であり、ハイブリッドクラウドで利用できるメリットもあります。

運用ツールの１つとして検討してみてはいかがでしょうか。

10.5 自動化

AWS で自動化を実施するには 2 つの考え方が必要です。1 つは AWS リソースの構築／管理の自動化、もう 1 つは AWS 内で起動したインスタンス内の構築管理の自動化です。

ツール（提供元）	自動化範囲	メリット	デメリット
AWS CDK (AWS)	AWS	・少ないコードでベストプラクティスに則った環境構築ができます。	・対応可能なプログラミング言語がまだ多くありません。
AWS CloudFormation (AWS)	AWS	・プログラミング言語を知らない人でも記述できます。	・OS 領域の自動化がしにくいということがあります。
Terraform (HashiCorp)	AWS	・AWS だけでなくマルチクラウドに対応しています。	・ドキュメントが英語なので英語が苦手な人には不向きです。
Chef (Chef Software Inc,)	OS	・ドキュメントが豊富にあります。	・管理対象サーバにクライアントが必要です。
Ansible (RedHat)	OS/AWS	・構文が YAML 形式なので初学者に対する学習コストが低く済みます。 ・AWS と OS のコードの一元管理もできます。	・条件分岐等の複雑な処理がしづらいということがあります。

表 10-5-1　自動化ツール

10.5.1 AWSリソースの自動化

ここではAWSサービス全般に関する自動化ツールに関して解説します。

1 AWS Cloud Development Kit（AWS CDK）

AWS Cloud Development Kit（AWS CDK） は、AWS CloudFormationと同じように、AWSのあるべき状態をコードで記載することが可能なツールです。AWS CloudFormationではJSONまたはYAML形式での記載でしたが、AWS CDKを使うことによって対応している言語の範囲になりますが、一般のプログラミング言語で記述することが可能です。

仕組みとしては、ソースコードからAWS CloudFormationのテンプレートを生成します。AWSのベストプラクティスが定義されているライブラリ（Construct）を使用することによって、少ないコードで環境定義が可能になります。ソースコードはオープンソースで開発されているため、ユーザが拡張することが可能です。

コンセプト	内容
Apps	・アプリケーションの最上位に位置すします。複数のStackとの依存関係を定義します。
Stack	・AWS CloudFormationのStackに該当するデプロイ可能な最小単位でリージョンとアカウントを保持しています。
Construct	・AWS CDKアプリケーションの基本的な構成要素。Stackによって作成されるAWSリソースのことで、独自に定義して配布することが可能です。
Environment	・アプリケーションのデプロイ先となるアカウントとリージョンの組み合わせ。デプロイ時に-profileオプションを付与することにより引き数として渡すことも可能であり、コード内で明示的に指定することも可能です。
Runtime context	・コードを実行する際のパラメータをkey-value型で定義／参照します。cdk contextコマンドにより参照できます。複数定義する場合はcdk.jsonファイルを作成し定義します。
AWS SSM ParameterStore／Secrets Manager	・デプロイ時に、例えばAmazon RDSのマスターパスワードをAWS Secrets Managerから取得することが可能です。

表10.5.1　AWS CDKのコアコンセプト

❷ AWS CDKのメリット

メリットには、以下のようなものがあります。

①一般のプログラミング言語が利用可能

制御構文、クラス、継承等、AWS CloudFormationでは利用できないことも可能です。

②コード量が少ない

Constructを利用することにより、少ないコードで環境定義が可能です。

③テストコードの記述が可能

・Snapshot tests

コードが生成するAWS CloudFormationテンプレートが、前回作成したものと同じ物であるかを確認します。変更が意図的なものであれば、将来のテストのために新しいベースラインを受け入れることも可能です。

・Fine-grained assertions

AWS CDKで作成したテンプレートの一部をチェックし、指定したリソースが特定のプロパティを持っていることを確認します。

・Validation tests

AWS CDKのコンストラクトに無効な値を渡したときにエラーになることを確認できます。一般的なユニットテストです。

④スタック間の依存関係が記述可能

詳細な設定の記述は、AWS CloudFormationテンプレートと同じように記載可能です

❸ AWS CDKの動作環境

AWS CDKを動作させるには、AWS CLIとNode.js 10.3.0以上が必要です。

AWS CDKは内部でAWS CLIを呼び出しているため、事前にプロファイルの登録を実施しましょう。AWS CDKの導入自体は**npm（Node Package Manager）**を利用してインストールできます。後は自分が開発で利用する言語に依存するため、事前に必要な条件を整備しておきま

しょう。例えばAWS CDKをPythonで利用する場合は、Python 3.6以上でpipとVirtualenvを追加でインストールする必要があります。

以下もご覧ください。

https://docs.aws.amazon.com/cdk/latest/guide/getting_started.html#getting_started_prerequisites

10.5.2 Terraform (https://www.terraform.io/)

HashiCorp社が作成したクラウドリソースの構築を自動化するツール。

AWSのみならず、マルチクラウドに対応しているため、将来の拡張を見据えた場合のツールとして高い利用価値があります。

コンセプト	内容
provider	・AWSリソースを操作するための、アクセスキー、シークレットキー、リージョンを記載するブロック。
tfvars	・Terraform内で利用する環境変数を定義するところ。本番／検証／開発等同じリソースは作成するが名前を分けたいときなどに活用します。
tfファイル	・Terraformで作成するリソースの定義。

表10.5.2　Terraformのコアコンセプト

1 Terraformのメリット

①コードがシンプルでわかりやすい

例えばAmazon S3バケットを作成するコードであれば以下のようにシンプルかつわかりやすく記述できます。

```
resource "aws_s3_bucket" "test" {
  bucket = "test-bucket"
  }
```

②マルチクラウド対応

AWSで利用できるのはもちろんのこと、以下のようにAzure、GCP、Oracle Cloud等さまざまなパブリッククラウドに対応しています。

AWS	VMware vSphere
Microsoft Azure	Oracle Cloud Infrastructure
Google Platform	Oracle Public Cloud
Google Beta	ovh

https://registry.terraform.io/search/providers?category=public-cloud

図 10-5-2　マルチクラウド対応

③リソース間の依存関係を考慮する必要がない

構築にあたりリソース同士の依存関係はTerraformが自動的に判定して構築してくれるため、利用者側で考慮する必要がありません。

10.5.3 OS自動化

これまではAWSのリソース管理の自動化に関して紹介してきました。

ここからはAWSで起動したサーバ（Amazon EC2）の管理に関しての自動化を解説します。

1 AWS Systems Manager

AWS Systems Manager とはAWSまたはオンプレミスのサーバ管理を自動化するサービスです。サービスの利用にあたり、追加料金は必要ありません。開発が盛んで現在も新しいコンポーネントが追加されています。OSだけではなくAWSサービス全般を統括的に管理できます。

①インスタンスとノード

・コンプライアンス

この機能を利用することにより、マネージドインスタンスのスキャンを実行し、パッチコンプライアンスに一致しているかどうかを確認することが可能です。

・インベントリ

インベントリでは、マネージドインスタンスのメタデータを取得し、グラフとして可視化することが可能です。インベントリで取得される情報はマネージドインスタンスからのメタデータのみであり、機密情報やデータにアクセスすることはありません。

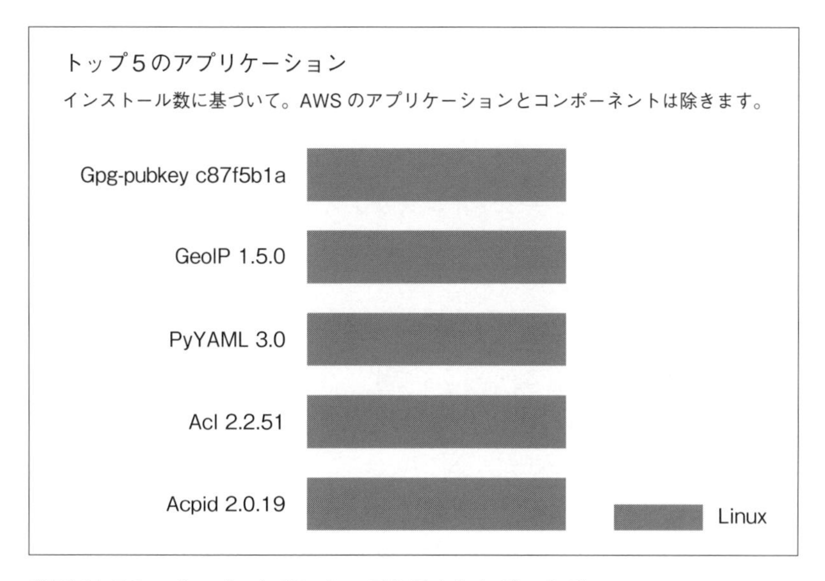

●図 10-5-3　インベントリによって取得されたデータ例

・マネージドインスタンス

マネージドインスタンスとは、AWS Systems Manager を利用できるように設定されたマシンの総称です。マネージドインスタンスは Amazon EC2 またはオンプレミスのサーバを対象とすることができます。

・ハイブリッドアクティベーション

ハイブリッドアクティベーションとは、オンプレミスのサーバや仮想マシン等の AWS クラウド以外のサーバおよび、デバイスをマネージドインスタンスとして設定するサービスです。

・セッションマネージャー

セッションマネージャーとは、踏み台サーバ作成することなく、セキュアにLinux／Windowsインスタンスに接続できるサービスです。

サーバにアクセスできるユーザはIAMによって管理できるため、それぞれのOS内でユーザを管理する必要はありません。

・Run Command

Run Commandは、マネージドインスタンスの設定コマンドをリモートからセキュアに実行できるサービスです。

・ステートマネージャー

ステートマネージャーは、サーバの構成を指定した状態に維持するサービスです。マネージドインスタンスを定義された状態に保つプロセスを自動化できます。

・パッチマネージャー

パッチマネージャーは、マネージドインスタンスに対するパッチ適用を自動化してくれるサービスです。パッチの適応はOSとアプリケーションの両方に対応しています。

・ディストリビューター

ディストリビューターを利用すると、独自のソフトウェアやサードパーティのパッケージをパッケージ化して、マネージドインスタンスにインストールすることができるサービスです。

2 AWS OpsWorks

AWS OpsWorksは、**Chef**または**Puppet**を使用してアプリケーションの設定／運用するための構成管理サービスです。詳しくは以下をご参照ください。

・AWS OpsWorks for Puppet Enterprise
https://docs.aws.amazon.com/ja_jp/opsworks/latest/userguide/welcome_opspup.html

・AWS OpsWorks for Chef Automate
https://docs.aws.amazon.com/ja_jp/opsworks/latest/userguide/welcome_opscm.html

・AWS OpsWorks スタック
https://docs.aws.amazon.com/ja_jp/opsworks/latest/userguide/welcome_classic.html

❸ Ansible

Ansible は Chef とは違い、管理対象のサーバに agent をインストールする必要はありません。またコード自体も YAML 形式を採用しており、学習コストが低く、可読性が高いのが特徴です。冪等性を担保しており、何度実行しても同じ設定を投入できるため、複数のサーバに対して同じ設定を投入し管理することが容易にできます。

https://docs.ansible.com/

10.6 コスト最適化

AWS の**コスト最適化**とは、システムのワークロードのライフサイクル全体の改良・改善を継続して行い、利用料金の最適化を測るプロセスのことを指します。

10.6.1 コスト最適化の 5 原則

AWS ではコスト最適化を図るにあたり、以下の 5 つの柱を用意しています。

一つひとつが重要な項目となるため確認していきましょう。

- クラウド財務管理の実践
- 支出と使用量の認識
- 費用対効果の高いリソース
- 需要と供給の一致
- 継続的最適化

10.6.2 クラウド財務管理の実践

クラウド財務管理（CFM）を利用することで、AWS でのコスト使用状況を最適化し、ビジネス価値の向上とコスト削減を実現できます。

❶コスト最適化担当の決定

この担当者は、コストを意識した文化を確立、維持する責任を担います。

個人またはチームを作成し、コスト最適化の実行、アーキテクチャの最適化によりワークロードを効率化させることも必要です。

❷ファイナンス部門とテクノロジー部門のパートナーシップを確立

双方の部門のステークホルダー同士がパートナーシップを結ぶことによって、組織目標の共通理解を得て、クラウド利用における財務上の成功メカニズムを確立します。

ファイナンスとテクノロジーのパートナーシップ締結の利点

- お互いにコストおよび利用料を把握することができる
- クラウドへの支出と変動をハンドリングすることによって運用手順を確立する
- ファイナンス部門のステークホルダーはSaving Plans等のコミットメント割引の購入の資金の流れや、組織拡大のためのクラウド利用に関して、戦略アドバイザーとして行動する
- 既存の支払いアカウントおよび調達プロセスはクラウドと併用できる
- 両部門共同で、将来的なAWSのコストおよび使用料を予測し、組織の予算を調整、編成する
- 組織間のコミュニケーションが向上し、クラウド財務管理に関する共通理解が得られる

❸ クラウドの予算と予測を確立する

クラウドのコストと使用料は、ワークロードによって月々変動します。こうした変動を折り込めるように、組織の既存の予算編成プロセスを変える必要があります。

AWS Cost Explorer[57]を利用することで、トレンドベースのアルゴリズムまたは、ビジネスドライバーベースのアルゴリズム、またはその両方を組み合わせて既存の予算編成と予測プロセスを動的なものに調整する

57 AWS Cost Explorer
https://aws.amazon.com/jp/aws-cost-management/aws-cost-explorer/

ことが重要です。

❹ コストを意識したプロセス

組織内の既存のプロセスや新規プロセスにコスト意識を取り入れる必要があります。

AWS Budgets レポート[58]を利用すると、設定した予算に対するコストと使用料の進行状況を追跡できます。そういったレポートを定期的に通知しましょう。また、コストを意識するために組織内のコストおよび使用料をモニタリングしましょう。

❺ コストを意識した文化

組織別の使用料のダッシュボードを公開したり、組織間でコストレポートを共有したりすることによって、組織全体のコストと使用料にゲーム的な要素を取り入れてもいいでしょう。または、コスト最適化に取り組んだ事例の成果を公開し、良いものは取り入れ、失敗は共有する文化を根付かせるのもいいでしょう。

❻ コスト最適化によるビジネス価値の数値化

コスト最適化によって実現できるビジネス価値を数値化することで、組織に対するメリットを把握することができます。ビジネス価値を数値化することで、ステークホルダーに投資利益率を説明することができます。

例えば、リソースのライフサイクル管理によって、インフラの運用コストを削減し、PoC のための時間を捻出し、予定外の予算を編成することができます。これによって組織の活性化が図れます。また、AWS Auto Scaling 等のマネージドサービスを利用することによって手作業によるキャパシティプランニングを排除し、スタッフの生産性向上につなげることができます。

---

58 AWS Budgets レポート
https://docs.aws.amazon.com/ja_jp/awsaccountbilling/latest/aboutv2/reporting-cost-budget.html

10.6.2 支出と使用料の認識

組織のコスト、およびコスト要因を把握することは、利用料を効率的に管理しコスト削減を実施する上で極めて重要なプロセスになります。使用料と支出を認識するためには以下の点をよく検討してください。

❶ ガバナンス

クラウド利用に関するポリシーを作成することが重要です。ポリシーでは組織がどのようにクラウドを利用するのか、リソースをどのように管理するのかを定義します。

ポリシーの内容は、組織全体で利用できるようにシンプルにするのがベストです。利用するリージョン、AZ、リソースの実行時間等を定義します。ポリシーを作成した後には目標とターゲットを設定します。目標は定性的に設定し、ターゲットは定量的な数値として設定することを推奨します。ガバナンスを効かせるアカウント構造はマスターアカウントとメンバーアカウントの形態とし、ワークロードのリソースはメンバーアカウント内に限定することです。**一括請求機能（コンソリデーティッドビリング）**を利用することにより、複数のメンバーアカウントの支払いをマスターアカウントに集約することができ、各アカウントのアクティビティを可視化することができます。マスターアカウントに使用料を集約することでコミットメント割引を最大限に活用することができます。ポリシー外のコストが発生した場合に迅速に是正措置の確認を行えるように、**AWS Budgets**[59] を利用して月次予算編成を行い通知することをお勧めします。

❷ コスト使用料のモニタリング

ワークロードに可視化を導入することによって、各組織が利用料に対してアクションを実行できるようにします。**コスト使用状況レポート（CUR）**利用。**AWS Glue**（12.8 分析系サービス）、**Amazon Athena**、**Amazon**

---

59 AWS Budgets
https://aws.amazon.com/jp/aws-cost-management/aws-budgets/

QuickSight を組み合わせて利用することにより利用料の高度な可視化が可能になります。

❸ リソースの削除

不要になったリソースは削除しましょう。例えばテスト用途のリソースです。

リソースにタグをつけることで、廃棄するリソースの特定に役立てることができます。

リソースの削除プロセスは自動化することで、よりメリットがあります。例えば、AWS Auto Scaling を利用する、AWS SDK を利用して AWS Lambda 経由でリソースを削除する方法があります。

10.6.3 費用対効果の高いリソース

ワークロードに適したサービス、リソースの利用はコスト削減において重要なポイントです。費用対効果の高いリソースを作成するには以下の点をよく検討しましょう。

❶ サービス選択にあたりコスト評価

コストが最適化されたワークロードとは組織の要件に合ったソリューションであり、最低コスト＝最適なソリューションではありません。ワークロードは時間の経過と共に変化する可能性があり、ワークロードの変化に伴い、適切なサービスの組み合わせも最適ではなくなる場合があります。将来のワークロードに合わせてサービスを運用することで、全体的なコストを削減することができます。

マネージドサービスの利用は運用負荷が軽減でき、トランザクションやサービス単位でコストを削減できます。マネージドサービスではキャパシティの設定属性があり、このメトリクスをモニタリングすることによって余剰キャパシティを最小化し、パフォーマンスを最大化することができます。サーバレスのサービスである AWS Lambda 等は使用料に応じてパフォーマンスとコストをスケールすることが可能です。

AWS では、新サービスのリリースの度に最適なサービスが変わる可能性があります。新サービスの評価頻度はなるべく頻繁に行い、既存のアーキテクチャと比べてコスト面、パフォーマンス面でより適しているのかを評価するようにしましょう。ライセンスコストのOSSを利用することにより削減することができます。しかし、安易にOSSへの切り替えを行うのではなく、既存のワークロードに対する変更および影響範囲を調査し、ライセンス変更に伴う成果が見られた場合は変更を実施しましょう。

❷ 正しいサイジング

最適なリソースタイプ、リソースサイズ、リソース数を選択することで最低限のコストに抑えることができます。**AWS Compute Optimizer** [60] を利用することによりワークロードの実行におけるコストモデリングが可能です。ワークロードの特性（メモリ、スループット、GPU、etc.）等に基づいてリソースを選択します。**S3 Intelligent-Tiering** [61] 等の一部のサービスでは、タイプやサイズの自動選択機能が組み込まれています。例えばこのサービスは利用パターンに基づいて、高頻度と低頻度にデータを自動的に分離して格納してくれます。

❸ 最適な料金モデルの選択

デフォルトのオンデマンドと他の適用可能な料金モデルと比較して、リソースのコストを比較します。コストモデリングを定期的に実行することで、複数のワークロードの最適化を実現できます。**AWS Cost Explorer** のレコメンデーションツールを利用することで、コミットメント割引を適用する機会を見つけることもできます。

❹ データ転送を計画する

クラウドでコストを最適化するには、ネットワーキングリソースを

---

60 AWS Compute Optimizer
https://aws.amazon.com/jp/compute-optimizer/
61 S3 Intelligent-Tiering
https://aws.amazon.com/jp/s3/storage-classes/

効率的に使用する必要があります。ワークロード内でデータ転送が発生する場所、転送コストを把握する必要があります。例えば Amazon CloudFront を利用することでコンテンツ配信に対する労力を軽減することができ、レイテンシも最小限に抑えることができます。

10.6.4 需要と供給を一致させる

クラウドでは、ワークロードの需要に合わせて必要なときにリソースを供給できるため、**オーバープロビジョニング**による無駄なコストを削減することができます。

以下のアプローチをとることにより需要と供給のバランをより明確化することができます。

❶ ワークロードの分析

リクエストに対する**ワークロード**の応答時間を把握することによって、需要が管理されているかどうか判断することができます。分析はピーク時等の変動が組み込まれるようにするために、ある程度の長期スパンで実施しましょう。分析する際は、ワークロードの使用量の増減やコストの増減に注目しましょう。AWS Cost Explorer や Amazon QuickSight、CUR 等を併用することによって、ワークロードの需要を可視化することができます。

❷ 需要管理

スロットリングを利用することで、リソースの最大量および、ワークロードのコストを制限できるメリットがあります。AWS では、AWS Lambda や Amazon API Gateway のサービスでスロットリングを運用することができます。スロットリングと同様に、バッファを利用してリクエスト処理を延期し、アプリケーションの動作速度が異なっても効率的に通信できるようにできます。バッファを検討する際は、必要な時間内に必要なリクエストを処理するワークロードが設計されており、作業の重複リクエストがハンドリングできるようにする必要があります。

❸ 動的供給

動的供給の方法には次の3つがあります。

1つ目は、**需要ベースの供給**です。APIやサービスの機能を利用して、クラウド内のリソースの量を動的に変更することが重要です。例えばAWS Auto Scalingでは手動、スケジュール、需要ベースの3つのアプローチでのスケーリングをサポートしています。需要ベースの供給では、どれだけ早く新しいリソースをプロビジョニングする必要があるのか、また、リソースの不具合等によって需要と供給の差異が変動することを理解しておく必要があります。

2つ目は、**時間ベースの供給**です。この方法では、リソースのキャパシティを需要が増えると予測される時間に合わせてスケーリングします。時間ベースのアプローチでも、AWS Auto Scalingで特定の時間にスケールアウト／インするようにスケジュールを組むことで対応できます。この方法では、使用スケーリングパターンの一貫性を確保することと、スケーリングパターン変更時の影響範囲を把握しておくことが重要です。

3つ目は、**動的スケーリング**を行うことです。動的スケーリングはAWS Auto Scaling等の機能を利用する方法と、APIやAWS SDKを利用することで実現できます。

10.6.5 継続的最適化

新サービスがリリースされた場合、そのサービスをレビューし、ワークロードに載せることによって費用対効果が得られるかを検討しましょう。そのためには以下の点を考慮します。

❶ ワークロードレビュープロセスの開発

ワークロードの費用対効果を最大化するために、ワークロードのレビューを定期的に実施し、新しいサービスを既存のワークロードに載せるかどうかを検討します。

外部要因による変動性を考慮します。ワークロードによっては特定の地域、特定の市場、特定のセグメントでサービスが提供されており、その領域での変動がある場合レビュー頻度を高くすることによってコスト削減に繋がる可能性があります。既存のワークロードの変更、運用にかかるコストとのリスクヘッジを考慮し、場合によってはレビュー頻度を低くする必要があります。

いつまでもレガシーシステムを使い続けることによる弊害もあります。例えば、既存のプログラムを新しい言語で置き換える場合です。短期的に見ると現時点での費用対効果は低いですが、5年先、10年先を考慮した場合、その言語が使える人材自体が減っている可能性もあり、結果として現在変更をしておいた方がコストメリットになる場合があります。

❷ ワークロードの確認とサービスの運用

新しいサービスの恩恵を受けるためには、ワークロードに対するレビューを実施し必要に応じて新しいサービスに置き換えましょう。これによりサービスの質は落とすことなく、運用コストを削減できます。

教育

この章ではクラウドエンジニアを育てるために必要な教育について説明します。

11.1 目指すべきスキル

目指すべきスキルは当然ポジションによって違います。ただ、エンジニアを対象とするのであれば、**クラウドエンジニア**は**オンプレミスエンジニア**と比較して確実に必要な知識範囲が広まっています。その部分だけ知っていればいいという考え方ですと、それぞれの担当者が会話をしたときに隙間が生まれ問題になることがあります。中心となる分野があるのは当然ですが、他の分野についてもある程度知っている必要があります。役割ごとの望ましいスキルの関係は以下の通りです。

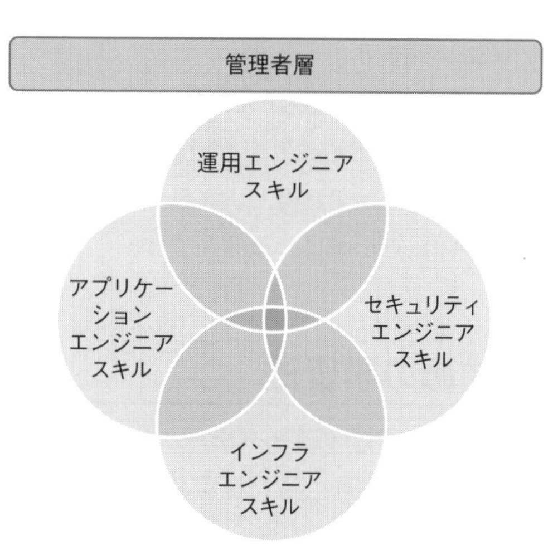

●図 11-1-1　役割とスキルの関連

①管理職層

管理職層は、実装技術ではなく、その技術の本質を理解し活用を検討できることが大事です。世の中の趨勢をよく見て、技術等の投入時期を判断します。

②アプリケーションエンジニア

アプリケーションエンジニアは、クラウド化のメリットを理解し、機能単位で疎結合なアプリケーションを開発します。インフラエンジニアに対して可用性要件を正しく伝えることが大事です。運用エンジニアとの間でギャップが生まれないようにDevOpsを意識した開発を行います。

③インフラエンジニア

インフラエンジニアは、アプリケーションの構造を理解し最適な構成を設計します。IaC（Infrastructure as Code）を活用し、復元可能なインフラを構築します。可用性要件に対し正しく監視を設計し、復旧方法について運用エンジニアと連携します。

④運用エンジニア

運用エンジニアは、DevOpsを意識してアプリケーションエンジニアと密に連携します。インフラエンジニアとも連携し、システムの異常を正しく検知、対応します。

⑤セキュリティエンジニア

セキュリティエンジニアは、責任共有モデルを理解し責任分界点を明確にした上でセキュリティ設計を行います。インフラエンジニア、アプリケーションエンジニアに対し、クラウドにおけるセキュリティリスクについての注意点を挙げ、喚起します。

11.2 おすすめの学習法

AWSは世界でも持ってもメジャーなパブリッククラウドといえます。書籍、インターネット情報ともに豊富に存在しているので、ぜひ活用していただきたいと思います。

特に以下をお勧めします。

① Black Belt Online Seminar[62]

AWSのSA（Solution Architect）が講師として、それぞれのサービスについて説明するオンラインセミナーです。セミナーの資料はアーカイブとして参照可能ですので、セミナーに参加できなかった場合でも参考にするとよいでしょう。

②ハンズオンへの参加[63]

AWSやAWSソリューションプロバイダ（SIer等）が頻繁にハンズオンセミナーを開いています。有償のものあれば無償のものもありますので、興味があるものがあったらぜひ参加してみてください。

③事例集[64]

内容はエンジニア向けというよりは、少し上位役職者向けかもしれませんが、AWSユーザ企業の更改事例をインターネットで見ることができます。同業他社の取り組みがないか確認してみてはいかがでしょうか。

---

62 Black Belt Online Seminar
https://aws.amazon.com/jp/aws-jp-introduction/

過去のBlack Belt Online Seminar資料
https://aws.amazon.com/jp/aws-jp-introduction/aws-jp-webinar-service-cut/

63 AWS社では定期的に初心者向けハンズオンを開いています。
https://aws.amazon.com/jp/aws-jp-introduction/aws-jp-webinar-hands-on/

64 AWS事例集
https://aws.amazon.com/jp/solutions/case-studies/all/

11.3 AWSの資格制度

AWSでは以下のような**資格制度**[65]があり、step by stepで知識と経験を身に付け、それを証明することができるようになっています。チャレンジしてみてはいかがでしょうか。

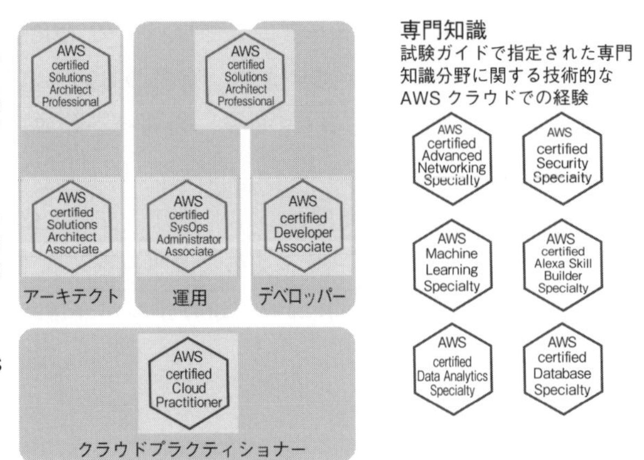

https://aws.amazon.com/jp/certification/

●図 11-3-1　AWSの資格制度

65 AWS認定資格は2020年12月現在で12あります。
https://aws.amazon.com/jp/certification/

第12章 AWSの各サービス解説

この章ではこれまでの章で記載されてきたサービスに関して、AWSを利用したことのない人にもわかりやすく、全体像を含めて簡単に説明しています。

12.1 AWS全体像

AWSは、数あるクラウドインフラストラクチャサービスの中で、10年連続のクラウドリーダーに認定されているサービスです。[66]

AWSでは、サーバ、データベース、ストレージ、ネットワーク等のインフラのテクノロジーから、データ解析、AI、IoT等の新技術、AWS WAF、Amazon GuardDuty等のセキュリティサービスに至るまで、多くのサービスをオンデマンドで利用することが可能です。そのため、自前でハードウェア等のインフラ基盤を用意する必要がなく、使った分だけ料金を支払うことで柔軟なインフラを構築することが可能です。

AWSでは、図12-1-1に示すように多様なサービスが提供されています。

AWSを利用することにより、グローバルで展開されているインフラを、自社で用意することなく活用できます。グローバル展開されているリージョンは、低レイテンシ、高スループット、冗長化されたネットワークで接続された複数のデータセンターにより構成されているため、災害対策・BCPを考慮した構成をとることもできます。

66 https://aws.amazon.com/jp/blogs/news/aws-named-as-a-cloud-leader-for-the-10th-consecutive-year-in-gartners-infrastructure-platform-services-magic-quadrant/

分析

Amazon Athena　Amazon Cloud Search　Amazon Elasticsearch Service　Amazon EMR　Amazon Kinesis　Amazon Managed Streaming for Apache Kafka　Amazon Redshift　Amazon Quick Sight　AWS Data Exchange　AWS Data Pipeline　AWS Glue　AWS Lake Formation

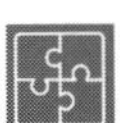

アプリケーション統合

AWS Step Functions　Amazon App Flow　Amazon Event Bridge　Amazon Managed Workflows for Apache Airflow　Amazon MQ　Amazon Simple Notification Service（SNS）Amazon Simple Queue Service（SQS）Amazon App Sync

AWSコスト管理

AWS Cost Explorer　AWS予算　AWSのコストと使用状況レポート　リザーブドインスタンスレポート　Savings Plans

ブロックチェーン

Amazon Managed Blockchain　Amazon Quantum　Ledger Database（QLDB）

データベース

Amazon Aurora　Amazon Dynamo DB　Amazon Document DB（Mongo DB 互換）Amazon ElastiCache　Amazon Keyspaces（Apache Cassandra 用）Amazon Neptune　Amazon Quantum Ledger Database（QLDB）Amazon RDS　Amazon RDS on VMware　Amazon Redshift Amazon Timestream　AWS Database Migration Service　AWS Glue

エンドユーザーコンピューティング

Amazon AppStream 2.0　Amazon Work Docs　Amazon WorkLink　Amazon WorkSpaces

Game Tech

Amazon GameLift　Amazon Lumberyard

ビジネスアプリケーション

Alexa for Business　Amazon Chime　Amazon Honeycode（ベータ）Amazon Work Docs　Amazon WorkMail

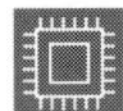

コンピューティング

Amazon EC2　Amazon EC2 Auto Scaling　Amazon Lightsail　AWS Batch　AWS Elastic Beanstalk　AWS Lambda　AWS Outposts　AWS Serverless Application Repository　AWS Snowファミリー　AWS Wavelength　VMware Cloud on AWS

コンテナ

Amazon Elastic Container Registry　Amazon Elastic Container Service（ECS）Amazon Elastic Kubernetes Service（EKS）Amazon EKS Distro　AWS App2Container　AWS Copilot　AWS Fargate　AWSでの Red Hat OpenShift

カスタマーエンゲージメント

Amazon Connect　Amazon Pinpoint　Amazon Simple Email Service（SES）

デベロッパーツール

Amazon CodeGuru　Amazon Corretto　AWS Cloud Development Kit（CDK）AWS Cloud9　AWS Cloud Shell　AWS Code Artifact　AWS Code Build　AWS Code Commit　AWS Code Deploy　AWS　CodePipeline　AWS Code Star　AWSコマンドラインインターフェイス　AWS Device Farm　AWS Fault Injection Simulator　AWSツールと SDK　AWS X-Ray

ウェブとモバイルのフロントエンド

AWS Amplify　Amazon API Gateway　Amazon Pinpoint　AWS AppSync　AWS Device Farm

●図 12-1-1　AWS の全体像 1/2

機械学習

Amazon Sage Maker Amazon Augmented AI Amazon Code Guru Amazon Comprehend Amazon Dev Ops Guru Amazon Elastic Inference Amazon Forecast Amazon Fraud Detector Amazon Kendra Amazon Lex Amazon Lookout for Metrics Amazon Lookout for Vision Amazon Monitron Amazon Personalize Amazon Polly Amazon Rekognition Amazon Sage Maker Data Wrangler Amazon Sage Maker Ground Truth Amazon Textract Amazon Translate Amazon Transcribe AWS 深層学習 AMI AWS Deep Learning Containers AWS Deep Composer AWS Deep Lens AWS Deep Racer AWS Inferentia AWS での PyTorch AWS での ApacheMXNet AWS での TensorFlow

メディアサービス

Amazon Elastic Transcoder Amazon Interactive Video Service Amazon Kinesis Video Streams AWS Elemental Media Connect AWS Elemental Media Convert AWS Elemental MediaLive AWS Elemental Media Package AWS Elemental Media Store AWS Elemental MediaTailor AWS Elemental アプライアンスとソフトウェア

移行と転送

AWS Migration Hub AWS Application Discovery Service AWS Database Migration Service AWS Data Sync AWS Server Migration Service AWS Snow ファミリー AWS Transfer Family Cloud Endure Migration Migration Evaluator（旧 TSO Logic）

ネットワーキングとコンテンツ配信

Amazon VPC Amazon API Gateway Amazon Cloud Front Amazon Route 53 AWS PrivateLink AWS App Mesh AWS Cloud Map AWS Direct Connect AWS Global Accelerator AWS Transit Gateway Elastic Load Balancing

量子テクノロジー

Amazon Braket

ロボット工学

AWS Robo Maker

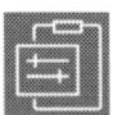

マネジメントガバナンス

Amazon Simple Storage Service（S3） Amazon Elastic Block Store（EBS） Amazon Elastic File System（EFS） Amazon FSx for Lustre Amazon FSx for Windows File Server Amazon S3 Glacier AWS Backup AWS Snow ファミリー AWS Storage Gateway Cloud Endure Disaster Recovery

人工衛星

AWS Ground Station

セキュリティ、アイデンティティ、コンプライアンス

AWS Identity & Access Management Amazon Cognito Amazon Detective Amazon Guard Duty Amazon Inspector Amazon Macie AWS Artifact AWS Audit Manager AWS Certificate Manager AWS Cloud HSM AWS Directory Service AWS Firewall Manager AWS Key Management Service AWS Network Firewall AWS Resource Access Manager AWS Secrets Manager AWS Security Hub AWS Shield AWS Single Sign-On AWS WAF

サーバーレス

AWS Lambda Amazon API Gateway Amazon Dynamo DB Amazon Event Bridge Amazon Simple Notification Service（SNS） Amazon Simple Queue Service（SQS） Amazon Simple Storage Service（S3） AWS AppSync AWS Fargate AWS Step Functions

ストレージ

Amazon Simple Storage Service（S3） Amazon Elastic Block Store（EBS） Amazon Elastic File System（EFS） Amazon FSx for Lustre Amazon FSx for Windows File Server Amazon S3 Glacier AWS Backup AWS Snow ファミリー AWS Storage Gateway Cloud Endure Disaster Recovery

VR および AR

Amazon Sumerian
https://aws.amazon.com/jp/products/

IoT（モノのインターネット）

AWS IoT Core AWS Greengrass AWS IoT 1-Click AWS IoT Analytics AWS IoT ボタン AWS IoT Device Defender AWS IoT Device Management AWS IoT Events AWS IoT SiteWise AWS IoT Things Graph AWS Partner Device Catalog Free RTOS

●図 12-1-1 AWS の全体像 2/2　https://aws.amazon.com/jp/products/

12.2 移行計画・実施・マネジメント

表12-2-1に移行計画、実施、マネジメントの際に利用できる主なサービスを挙げ、以下に説明を加えます。

主なサービス	概要
Migration Evaluator	・現在のオンプレミス環境に対する移行評価サービス
AWS Migration Hub	・複数のアプリケーションによる移行の追跡を、1か所から実行できるサービス
AWS Application Discovery Service	・オンプレミスデータセンターの情報を収集するサービス
AWS Server Migration Service（SMS）	・仮想マシン移行サービス
AWS Database Migration Service（AWS DMS）	・データベース移行サービス
AWS Pricing Calculator	・AWSにかかる費用を算出するサービス

表12-2-1　移行計画、実施、マネジメントの際に利用できる主なサービス

❶ Migration Evaluator

Migration Evaluatorは、クラウド移行に適切なビジネスケースを作成するのに役立つ移行評価サービスです。ビジネスケースと難しい表現をしましたが、ビジネスケースとはつまり「新しく構築しようとしているサービスが、投資すべき価値があるかを判断するための事業計画書」のことです。

一般に、ユーザはAWSへの移行において、特にコストの観点から、まず「本当にそのシステムを構築する必要があるのか？」を考えます。しかし、一からビジネスケースを作成する場合、作成までのプロセスに一定の時間がかかります。AWSの知識がない状態であれば、なおさら多くの時間を必要とするでしょう。

Migration Evaluatorを利用すれば、現在のオンプレミス環境を評価し、クラウドで削減できるコストがあるかを検証／検出しながら、簡単にビジネスケースを作成することができます。作成される**ビジネスケー**

スレポート[67]には、以下の5つの内容が記載されます。

①概要

これには、評価範囲（収集ウィンドウやサーバ数、既存インベントリ等）や収集期間、収集方法等が含まれます。

②エグゼクティブサマリー（ビジネスケースの要約）

これは、オンプレミスとAWSの年間コスト比較。AWSを利用することで、どの程度コストを削減できるかの概算表です。

③オンプレミスのデータ内訳、年間推定コスト

④仮定の複数シナリオ

⑤次ステップに進むための推奨事項

Migration Evaluatorを利用することは、移行における最初のステップを踏むことと同義です。オンプレミスにおけるコストを、クラウドによってどれほど削減できるかを把握できます。

2 AWS Migration Hub

AWS Migration Hubは、Migration（移行）のハブ（拠点）となるサービスです。各サービス（AWSおよびパートナーのソリューション含む）による移行のステータスを、AWS Migration Hubひとつで一元的に追跡することができます。

3 AWS Application Discovery Service

AWS Application Discovery Serviceとは、オンプレミスのデータセンターに関する情報（CPU、メモリ、OSのバージョン、起動プロセス、ネットワーク通信のアセスメント等）を収集するためのサービスです。AWS Migration Hubと結合し、サーバを検出することで、AWSに移行する際の進捗状況を確認できます。

67 ビジネスケースレポート
https://d1.awsstatic.com/asset-repository/tso-logic/MigrationEvaluator_TSOLogic_AWS_BusinessCaseSample_20200629.pdf

❹ AWS Server Migration Service（SMS）

AWS Server Migration Service（SMS）とは、仮想マシンの移行サービスです。VMware や Azure 上の仮想マシンを移行元の対象に、Amazon マシンイメージ（AMI）として、数クリックで AWS に移行します。増分レプリケーションが可能なので、ダウンタイムを最小限に抑えられます。

❺ AWS Database Migration Service（AWS DMS）

AWS Database Migration Service（AWS DMS）とは、数クリックでデータベースを実行したまま安全に AWS に移行できるサービスです。移行中でもデータベースを利用可能です。元のデータベース、あるいは別リージョンや AZ のデータベースにレプリケートすることもできます。

❻ AWS Pricing Calculator

AWS Pricing Calculator は、AWS での利用料金を簡単に計算してくれる、見積もり計算ツールです。各サービスを利用した場合の概算を提示します。AWS アカウントを発行していない場合でも、誰でも気軽に利用可能です。ただし、あくまで算出される数字は概算であり、税金等は含まれていないことに注意しましょう。

12.3 コンピューティング系サービス

表 12-3-1 に、主なコンピューティング系サービスをまとめます。また、以下にそれぞれの説明を加えます。

❶ Amazon Elastic Compute Cloud（Amazon EC2）

Amazon EC2 は、ユーザのニーズに合わせて簡単にサイズ変更できる仮想サーバです。

Elastic（弾力性、伸縮性）の名のとおり、柔軟な対応力をもつ Amazon EC2 は、AWS サービスの中で最も愛されているサービスといっても過言ではありません。AWS の代表的なサービスである

主なサービス	概要
Amazon Elastic Compute Cloud（Amazon EC2）	・AWSを代表する、クラウド内の仮想サーバサービス
Amazon Lightsail	・さまざまな機能を包括した、ライトユース向けコンピューティングサービス
AWS Lambda	・サーバレスで、関数単位でコード実行を実現するサービス
Amazon Elastic Container Service（Amazon ECS）	・「12.10　コンテナ系サービス」にて解説
Amazon Elastic Kubernetes Service（EKS）	・「12.10　コンテナ系サービス」にて解説

表12-3-1　主なコンピューティング系サービス

Amazon EC2の、大きなメリットを4つ見ていきましょう。

①スペック変更が簡単

Amazon EC2は、**インスタンス**という単位でサーバを構築していきます。ここでいうインスタンスとは、簡単にいえばOSを実装して起動した仮想サーバのことです。使用できるOSは標準（大きくわけてLinux、Windows）を網羅しており、Amazon EC2上で選択するだけで、自動的に構築とインストールが行われます。

Amazon EC2インスタンスには、さまざまなユースケースのために5つの用途タイプが用意されています。

汎用
コンピューティング最適化
メモリ最適化
高速コンピューティング
ストレージ最適化

それぞれのインスタンスタイプには、インスタンスサイズが含まれており、ユーザは目的に合わせて簡単にスケーリングすることが可能です。

以下は、インスタンスタイプの詳細として、インスタンスタイプの選び方の基本を記載しています。参考としてご覧ください。

Amazon EC2 インスタンスタイプの選び方の基本

1. インスタンスタイプの構成を知る

Amazon EC2 インスタンスタイプは、用途を示す「インスタンスファミリー」と、CPU 等のスペックを示す「インスタンスサイズ」によって構成されています。

例）t2.micro（インスタンスファミリー . インスタンスサイズ）

インスタンスファミリーの数字は世代を表しており、数字が大きいほど最新のものであることを表しています。

2. インスタンスファミリーを選ぶ

インスタンスファミリーは、前述の 5 つの用途タイプで分類されます。このうち、一般的な業務システムに適したタイプは、バランスの取れた「汎用」か、高性能プロセッサを積んでいる「コンピューティング最適化」の 2 種が挙げられます。

3. インスタンスサイズを選ぶ

最後に、自分たちに見合ったスペックのインスタンスサイズを選びます。各インスタンスサイズは、Amazon EC2 のページ[68] を参考にしてください。

②従量課金制によるコストメリット

Amazon EC2 は、まだクラウドという言葉が国内で浸透していない時代に、使った分だけを支払う従量課金制という新しいビジネスモデルとして誕生しました。2020 年時点では、従量課金制から派生して、以下 5 つの料金体系が存在しています。

③構築までの時間をスピーディに

わずか数クリック、ほんの数分でインスタンスを立ち上げられるのも、Amazon EC2 の魅力のひとつです。物理サーバでは、実際の発注から受け取りまで時間を要しますが、Amazon EC2 ではその時間的コストがかかりません。

68 Amazon EC2 インスタンスタイプページ
https://aws.amazon.com/jp/ec2/instance-types/

料金体系	概要
オンデマンド	・サーバを立ち上げている時間によって料金が発生するプラン。PoC（Proof of Concept ＝検証工程のこと）やインスタンスタイプが小さいものに対して有効。
スポットインスタンス	・AWS 上にすでに存在しながらも、放置されているインスタンスを格安で利用するプラン。スパイクアクセス（何らかの要因による急激なアクセス増加）等の対応に最適。
リザーブドインスタンス	・稼働期間を決めて、その分を先払いするプラン。長期利用が見込まれる場合や、常時インスタンスを立ち上げておきたい場合は、リザーブで購入するのがよい。
Saving Plans	・1 ～ 3 年の期間内で、特定の量のコンピューティング使用量を契約するプラン。
Dedicated Hosts	・専用の物理 Amazon EC2 サーバを契約するプラン。

表 12.3.2　Amazon EC2 料金体系表

④冗長化も自在

仮想サーバのテンプレート化やコピーも容易なため、冗長化も思うままに運用することができます。

Amazon EC2 の登場により、サーバ環境の標準は大きく変わりました。今までのオンプレミス環境では実現できなかった新しい価値を、わかりやすい形で安全に提供しています。

2 Amazon Lightsail

Amazon Lightsail は、さまざまな機能がパッケージで提供される、いわゆる AWS のサブセットです。コンピューティング環境のみならず、ストレージ、スナップショット、ロードバランサ等の豊富な機能がパッケージングされているため、このサービスだけで簡単な Web サービスを作ることができます。

自由にほかのサービスと組み合わせることができる Amazon EC2 と比較すると、柔軟性は低く、サーバを停止している間も課金されるといったデメリットも存在しますが、小規模な Web サービスや検証環境の開発等では、場合によっては Amazon EC2 よりも費用や時間を抑えることができるでしょう。

必要最低限の装備でかまわないというライトユーザーは、Amazon Lightsail で作りたいサービスを十分に実現できます。

❸ AWS Lambda

AWS Lambda は、なんらかのイベントが発生したときに、サーバ不要で、あらかじめ設定しておいた処理を実行できるようにするサービスです。

例えば、ユーザが Amazon S3 にアップロードした画像ファイルを、リサイズしてサムネイル化したい場合、通常は画像ファイルがアップロードされるのを監視するサーバを用意し、監視を継続するプログラムを用意し、そして実際にファイルがアップロードされたときにはリサイズするといった処理を行わなければなりません。しかし、AWS Lambda なら、「リサイズする」といった処理を作成するだけで、プログラムの実行が可能です。

AWS Lambda はコストメリットが大きいのも特徴です。課金対象は 100 ミリ秒ごとに換算されるコード実行時間とリクエスト数だけなので、サービスによっては大幅なコスト削減が見込めるでしょう。

12.4 ネットワーキング系サービス

表 12-4-1 に、主なネットワーキング系サービスをまとめます。また、以下にそれぞれの説明を加えます。

❹ AWS Direct Connect

AWS Direct Connect は、AWS と、データセンター、オフィス、そのほか各拠点間に、ユーザ専用のプライベート接続を構築するためのサービスです。

通常、インターネットを使用した接続の場合、混み合う時間帯によっては遅延／再送が発生し、パフォーマンスが低下することがあります。一方、インターネットを介さない AWS Direct Connect の場合、他のユーザからの影響を受けないため、安定したネットワークパフォーマンスが期待できます。

主なサービス	概要
AWS Direct Connect	・AWSとの専用回線接続サービス
AWS Virtual Private Network（AWS VPN）	・AWSが提供するVPN（仮想専用回線）
Amazon Virtual Private Cloud（Amazon VPC）	・ユーザ専用のプライベートクラウド環境を提供するサービス
Amazon Route 53	・可用性と拡張性をもつドメインネームシステムWebサービス

表12-4-1　主なネットワーキング系サービス

5 AWS Virtual Private Network（AWS VPN）

AWS Virtual Private Network（AWS VPN） は、AWS内で提供されるVPN接続を利用した通信サービスです。

AWSとデータセンター、オフィス間に安全な接続を確立する通信方法という点では、AWS Direct Connectとの違いはありません。一点、明確な違いを挙げると、AWS Direct Connectが閉域網の専用回線であるのに対し、AWS VPNはインターネット回線上に仮想の専用回線を構築する仕組みであるということです。そのため、通信速度やセキュリティ面ではAWS Direct Connectに軍配が上がりますが、価格や構築方法については一概にはいえず、自社に見合ったサービスを選ぶ必要があります。

AWS VPNには主に以下2つの接続方法があります。

① AWS Site-to-Site VPN（Site-to-Site VPN）

VPN接続によって、オンプレミス機器とAWSリソースを個別に接続する方法です。デフォルトでは、AWSの外にあるデバイスには接続することはできません。Site-to-Site VPN接続を作成することで、オンプレミス機器とAWSリソース間で安全にトラフィックを渡せるようになります。複数のSite-to-Site VPN接続がある場合は、AWS VPN CloudHubを利用することで、相互通信を実現します。

② AWS Client VPN

AWS側で**Client VPN Endpoint**を用意して、簡単にクライアントPCからAWSのリソースに接続できるVPN接続サービスです。ユーザの需要に基づいて自在にスケールアップ、またはスケールアウトできるので、従来のVPNサービスにはなかった伸縮自在性があります。そのため、例えば急なテレワーク環境の整備等にも、迅速に対応可能です。

❹ Amazon Virtual Private Cloud（Amazon VPC）

Amazon Virtual Private Cloud（Amazon VPC）とは、プライベートクラウドを提供するサービスです。Amazon VPCを利用することで、定義した仮想ネットワーク内でAmazon EC2等のAWSリソースを起動できます。Amazon VPCを利用することで、「AWS上に自分たちのクラウド領域を確保する」イメージです。

サブネット、インターネットゲートウェイ、ルーティング等、さまざまな設定が容易で、仮想ネットワーク環境を思うように制御できる、AWSを利用するうえで欠かせないサービスです。

❺ Amazon Route 53

Amazon Route 53は、AWSが提供する**ドメインネームシステム（DNS**＝人間が読み取れるドメイン名を、IPアドレスに変換するシステム）Webサービスです。

Amazon Route 53では、トラフィックフローの定義が可能です。どのようなルールをもとにどこへ接続するのかを定義できるので、エンドユーザを最適な箇所に接続させることができます。ヘルスチェックも有しており、アプリケーションの正常性をモニタリングすることも可能です。また、独自ドメインの購入／管理もできます。

12.5 ストレージ系サービス

表12-5-1に、主なストレージ系サービスをまとめます。また、以下にそれぞれの説明を加えます。

主なサービス	概要
AWS Storage Gateway	・Amazon S3等のストレージサービスに対して、CIFS、NFS、iSCSIでの接続を可能にするゲートウェイ
Amazon Simple Storage Service（Amazon S3）	・AWSを代表する、クラウド型のオブジェクトストレージサービス
Amazon S3 Glacier	・Amazon S3ストレージサービスの一部として提供する、極めて低コストのストレージサービス
Amazon Elastic File System（EFS）	・ビックデータ処理に適したファイルストレージサービス
Amazon FSx	・ファイルストレージを構築するサービス
Amazon Elastic Block Store（EBS）	・ブロックストレージとしてのストレージサービス

表12-5-1　主なストレージ系サービス

❶ AWS Storage Gateway

AWS Storage Gatewayとは、オンプレミス機器からAWS上のクラウドストレージへの接続を可能とする、**ゲートウェイ**として動作するサービスです。

標準的なストレージプロトコル、キャッシュの活用で、シームレスかつレイテンシの低いアクセスを実現します。また、データの保管先にはAmazon S3はもちろん、**Amazon S3 Glacier**等も選択されるため、セキュアでありつつも安価なストレージ環境を所持することが可能です。AWSとオンプレミスとのハイブリッド環境には、欠かせないサービスの1つとなるでしょう。

ゲートウェイタイプは、以下の3種類があります。

①ファイルゲートウェイ

ファイルゲートウェイは、Amazon S3をバックエンドストレージとして利用し、オンプレミス／仮想サーバ上のデータをオブジェクトとして格納します。

②ボリュームゲートウェイ

キャッシュボリューム：オンプレミスのデータを Amazon S3 に保存する際、仮想アプライアンスにマウントとしているキャッシュボリュームへ一時的に保存します。

保管型ボリューム：オンプレミス環境のデータを、スナップショットとして Amazon S3 上で取得。AWS 環境における DR を実現します。

③テープゲートウェイ

AWS Storage Gateway を仮想テープライブラリとして利用。堅牢性の高いバックアップストレージとして代替します。

2 Amazon Simple Storage Service（Amazon S3）

Amazon Simple Storage Service（Amazon S3）は、クラウド型のオブジェクトストレージサービスです。通常、頭文字をとって Amazon S3 と呼ばれます。

その耐久性は公式に 99.999999999（イレブンナイン）[69] とされていますが、これは Amazon S3 に 10,000,000 のオブジェクトを格納している場合、平均損失発生頻度が 10,000 年に 1 度という計算です。

Amazon S3 ではこの耐久性を実現するために、それぞれのオブジェクトを最低 3 つの AZ に保存し、冗長化に務めています。

また、容量無制限、破格の値段設定といったユーザーファーストのサービスで、Amazon EC2 等と同じく AWS の代表的なサービスの 1 つとして知られています。

3 Amazon S3 Glacier

主にアーカイブ等を目的として利用するのに適したストレージが、

---

69 AWS「Amazon S3 のよくある質問　耐久性とデータ保護」項目
https://aws.amazon.com/jp/s3/faqs/#Durability_.26_Data_Protection/

Amazon S3 Glacier です。

Amazon S3と比較したとき、データを取り出す速さではAmazon S3に劣りますが、例えば東京リージョンでストレージコストを比較した場合、5分の1のコストでデータを保存できるため、大幅にメリットがあります（2021年時点）。もちろん、耐久性に違いはありません。

即時性がなく、普段利用することの少ないデータの保管に向いたサービスです。

❹ Amazon Elastic File System（EFS）

Amazon Elastic File System は、フルマネージド型の共有ファイルストレージサービスです。頭文字をとって **Amazon EFS** と呼ばれます。

NFS v4.0およびv4.1プロトコルをサポートしているため、Amazon EC2インスタンスとオンプレミスサーバによる、さまざまなアプリケーションやツールからのアクセスが可能です。また、何千ものAmazon EC2インスタンスから1つのAmazon EFSに並列共有アクセスができるので、集約的なスループットにも対応します。耐久性と可用性も高く、複数のAZを股にかけて、ファイルを格納します。

ビックデータの処理にはうってつけのサービスといえるでしょう。

❺ Amazon FSx

一般的なファイルストレージを構築するためのサービスが、**Amazon FSx** です。Amazon FSxには、**Amazon FSx for Windows File Server** と、**Amazon FSx for Lustre** の2種類が展開されています。

① Amazon FSx for Windows File Server

Amazon FSx for Windows File Serverは、業界標準のサーバメッセージブロック（**SMB**）プロトコルを利用した、フルマネージドファイルストレージです。Windows Server上に構築され、データの重複排除やエンドユーザファイルの復元等の管理機能を提供します。

② Amazon FSx for Lustre

Lustre（スーパーコンピュータ「**富岳**」を始めとして、豊富な採用事例を持つ並列ファイルシステム）ファイルストレージのフルマネージドサービスで、高性能コンピューティングワークロードで求められるような、膨大な計算を超高速で処理するのに適しています。

❻ Amazon Elastic Block Store（EBS）

Amazon Elastic Block Store（EBS）は、Amazon EC2と併用して使われることを想定した、AWSがブロックストレージサービスとして提供するサービスです。一般的に、**Amazon EBS**と呼ばれています。

Amazon EBSはいわば、Amazon EC2に仮想的に外付けされるHDDのようなものです。Amazon EC2は、サーバを停止すると自動的に自身の記憶領域を初期化してしまうという特徴があったため、単体での利用には不便さがありました。しかし、ブロックストレージとして、独立したブロックによるデータ管理を行うAmazon EBSを利用することで、より柔軟にAmazon EC2を活用することが可能です。

12.6 コンテンツ配信系サービス

表12-6-1に、コンテンツ配信系サービスを掲載し、以下に説明を加えます。

主なサービス	概要
Amazon CloudFront	高速コンテンツ配信ネットワークサービス

表12-6-1　コンテンツ配信系サービス

❶ Amazon CloudFront

Amazon CloudFrontを利用すれば、世界中にある**エッジサーバ**のネットワークを介して、静的／動的のウェブコンテンツを簡単に、かつ高速にエンドユーザへと配信できます。また、SSL機能が自動で有効化されるので、コンテンツに対するアクセス制限を設けたり、あるいはAWSの他のサービスと連携することで、**DDoS攻撃**にも対応したりすることが可能です。

12.7 データベース系サービス

表12-7-1に、主なデータベース系サービスをまとめます。また、以下にそれぞれの説明を加えます。

主なサービス	概要
Amazon Aurora	・MySQLとPosgreSQLに互換性のあるリレーショナルデータベースエンジン
Amazon Relational Database Service（RDS）	・フルマネージドのリレーショナルデータベース
Amazon Redshift	・SQLに対応したデータウェアハウス
Amazon DynamoDB	・フルマネージドNoSQL（Key-Value型）DB
Amazon ElastiCache	・メモリ内キャッシュサービス
Amazon DocumentDB	・MongoDB互換性のあるドキュメントデータベース
Amazon Keyspaces	・NoSQLデータベースのCassandraと互換性のある、フルマネージドデータベース
Amazon Neptune	・AWS上で利用できるグラフ型データベース
Amazon Timestream	・時系列データに特化したデータベース
Amazon Quantum Ledger Database（QLDB）	・高度な耐改ざん性をもつ台帳データベース

表12-7-1　主なデータベース系サービス

❶ Amazon Aurora

Amazon RDSで利用可能なオプションの1つである**Amazon Aurora**は、MySQLおよび、PostgreSQLと互換性のあるリレーショナルデータベースエンジンです。最大でMySQLの5倍、PostgreSQLの3倍のスループットを実現するといわれており、なおかつ、商用データベースと同等のパフォーマンスを10分の1のコストで実現します。

データを巻き戻すBack Track機能や、クラスタキャッシュ管理機能等、Amazon Auroraにしかない便利な機能も豊富にあるため、基本的にはAmazon Auroraが使える環境の場合は、Amazon RDSではAmazon Auroraを選択するとよいでしょう。ただし、そもそもMySQLやPostgreSQLを使う予定がなかったり、MySQL

やPostgreSQLを使う場合でもバージョンが違ったりするときは、Amazon Auroraを使えないことに注意が必要です。

❷ Amazon Relational Database Service（RDS）

Amazon Relational Database Service（RDS）は、AWSが提供するフルマネージドのリレーショナルデータベースで、一般的にAmazon RDSと呼ばれています。導入するだけで、クラウドでMySQL、PostgreSQL、MariaDB、Oracle、Microsoft SQL Server、そして前述のAmazon Auroraといったデータベース環境を利用できます。クラウドならではのスケーラビリティや可用性に加えて、フルマネージドによる時間的コストメリットは、ユーザに大きな価値を与えてくれるでしょう。

Amazon Auroraを利用する場合とそうでない場合の違いを挙げるとすれば、Amazon Aurora独自の機能のほかに、アーキテクチャの違いがあります。Amazon RDSの場合、Amazon EC2にMySQLやPostgreSQLをインストールするアーキテクチャと大差ありません。DBインスタンスがストレージとしてのAmazon EBSとつながっており、ミラーリングしたりレプリカを作成したりすることで、耐久性を高めます。

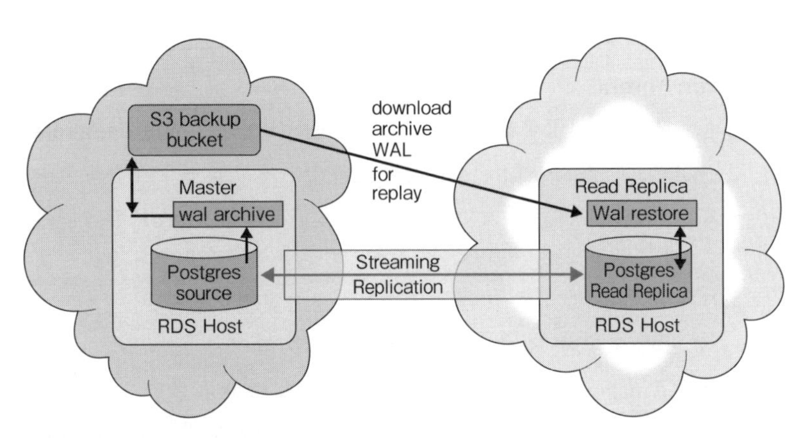

●図12-7-1　Amazon RDS（PostgreSQL）
https://aws.amazon.com/jp/blogs/news/best-practices-for-amazon-rds-postgresql-replication/

Aurora を構成するコンポーネント

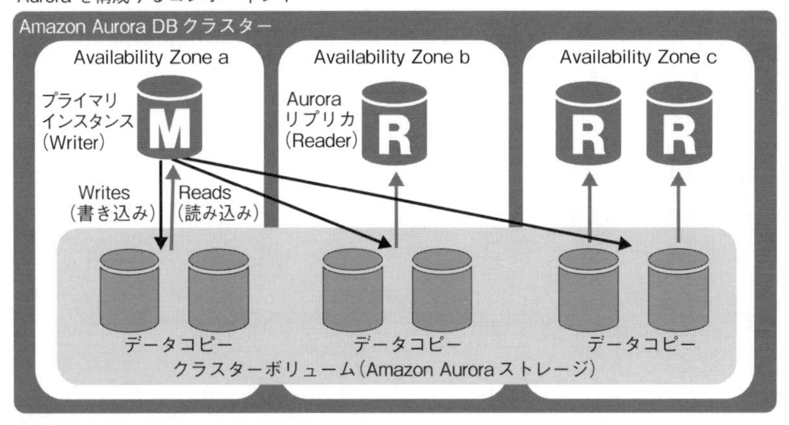

●図 12-7-2　Amazon Aurora
https://d1.awsstatic.com/webinars/jp/pdf/services/20190828_AWSBlackBelt2019_Aurora_PostgreSQL2.pdf

一方で、Amazon Aurora の場合、インスタンスとストレージが分離していることに大きな違いがあります。ストレージは1AZにつき2か所、さらに3AZにコピーされ、6つのストレージボリュームは互いに通信し合って、データ消失時等には修復し合っています。6つのストレージボリュームへのアクセスは並列で行われているため、処理が重くなることもありません。

Amazon RDS および Amazon Aurora の違いを理解すれば、適切に使い分けることができます。本書では簡単な説明にとどまりますが、まずは Amazon Aurora を試してみて、特徴を理解してみるのもよいでしょう。

❸ Amazon Redshift

AWS が提供する**データウェアハウス**が、**Amazon Redshift** です。(データウェアハウス=業務過程で発生したデータを、分析を目的として時系列に保存したデータベース) Amazon Redshift は SQL に対応しており、他のデータベースやソフトウェア との連携がしやすいという利点があります。

他のクラウドデータウェアハウスと比較して、最大で3倍もの速度を実現し、それでいて低コストのため、数多くの企業が Amazon Redshift を利用しています。

❹ Amazon DynamoDB

Amazon DynamoDB は、ミリ秒単位のアクセスレイテンシが求められるシステムにおいて、キー値とドキュメントのデータベース両方をサポートする NoSQL データベースです。フルマネージドサービスなので、ユーザが気を配るのはスループット値の設定だけです。

ハードウェアのプロビジョニング、設定と構成、レプリケーション、ソフトウェアのパッチ適用、クラスタスケーリングといった運用管理から解放してくれます。

❺ Amazon ElastiCache

Amazon ElastiCache とは、クラウドにおけるインメモリキャッシュのデプロイ、運用、スケーリングを簡単に実行できるサービスです。Redis と Memcached の2つのオープンソースインメモリキャッシュエンジンをサポートしています。

❻ Amazon DocumentDB

Amazon DocumentDB は、フルマネージドの MongoDB 互換ドキュメント指向データベースサービスです。データのままデータを格納できます。よって、データ型の変換処理をアプリケーション層で書く手間を削減できるというメリットがあります。

❼ Amazon Keyspaces（Apache Cassandra 向け）

Amazon Keyspaces（Apache Cassandra 向け）は NoSQL データベースの Apache Cassandra をマネージドサービスとして提供するデータベースサービスです。サーバレスで提供されるため、サーバのプロビジョニングやバックアップといった煩わしい運用管理をする必要はありません。

AWSのNoSQLデータベースといえば、独自のAmazon DynamoDBがありますが、オープンソースで開発されているCassandraと互換性を設けることで、オンプレミス環境や他のクラウドでの利用も可能にしています。

❽ Amazon Neptune

グラフ型データベースサービスとして存在するのが、**Amazon Neptune**です。グラフ型データベースとは、頂点（Node, Vertex）と辺（Edge）の構造からなるデータベースを指します。**Apache TinkerPop Gremin**と**World Wide Web Consortium（W3C）**の**SPARQL**をサポートしているため、どちらのグラフ記法にも対応しています。

❾ Amazon Timestream

時系列データベースに特化した**Amazon Timestream**はタイムスタンプをもつデータの保持に特化したサービスです。IoT機器等から収集したデータの保存や分析に適しています。サーバレスなので、サーバを管理する必要もありません。

❿ Amazon Quantum Ledger Database（QLDB）

Amazon Quantum Ledger Database（QLDB）は、非常に高度な耐改ざん性を持つフルマネージド台帳データベースサービスです。新規／更新／削除といったすべての履歴を暗号的に残してくれるため、信頼性を担保しつつ、データ検証を容易にしてくれます。さらにメタ情報も残してくれるので、アプリケーション側で何らかの作業をする必要がありません。

ユースケースとしては、金融はもちろん、小売りやサプライチェーン等も考えられるでしょう。情報の透明化が求められるデータ社会においては、必須のサービスです。

12.8 分析系サービス

表 12-8-1 に、主な分析系サービスをまとめます。また、以下にそれぞれの説明を加えます。

主なサービス	概要
Amazon Athena	・SQL を使用した、Amazon S3 データ分析サービス
Amazon CloudSearch	・フルマネージドの検索サービス
Amazon Elasticsearch Service	・AWS 上で利用できる Elasticsearch
Amazon Elastic MapReduce (EMR)	・ホスト型 Hadoop フレームワーク
Amazon Kinesis	・ストリーミングデータのリアルタイム処理
Amazon Managed Streaming for Apache Kafka（Amazon MSK）	・Apache Kafka のマネージドサービス
Amazon QuickSight	・高速クラウドビジネスインテリジェンス (BI)
AWS Data Exchange	・サードパーティデータのサブスクライブ
AWS Data Pipeline	・データ移動や変換の自動化
AWS Glue	・フルマネージド ETL サービス
AWS Lake Formation	・データレイク構築

表 12-8-1　主な分析系サービス

1 Amazon Athena

Amazon Athena は、Amazon S3 に格納されたデータの集計やソートといった分析を行えるサービスです。分析には、多くのユーザが使い慣れた SQL が使用されるため、新たに言語を覚える必要はありません。

実行されるクエリを並列でオートスケーリングするため、大容量データを一瞬で分析したい場合等に利用したいサービスです。

2 Amazon CloudSearch

Amazon CloudSearch は、検索機能を提供してくれるフルマネージドサービスです。Amazon CloudSearch を使用することで、検索機能における専門的な知識をもたずとも、構築したWebサイトやアプリケーションに検索機能を導入することができます。

❸ Amazon Elasticsearch Service

AWS上で、検索エンジンであるElasticsearchの機能を利用するためのサービスが、**Amazon Elasticsearch Service**です。

上記のAmazon CloudSearchとの違いを簡単に伝えれば、Amazon Elasticsearch Serviceのほうが、カスタマイズ性が高いといえます。検索に必要な要件はエンジニアが決める必要があり、サーバ台数等もユーザの判断によって決定するのが、Amazon Elasticsearch Serviceです。

❹ Amazon Elastic MapReduce（EMR）

Hadoopと呼ばれるオープンソースフレームワークを使用することで、大規模なデータの分散処理を行えるサービスが、**Amazon Elastic MapReduce（EMR）**です（Hadoopが行う分散処理のことを「MapReduce」と呼びます）。

実際には、Amazon EC2インスタンスを活用した、**Amazon EMRクラスター**と呼ばれるクラスタを構築することで、該当のクラスタが分散処理を行います。クラスタの設定や実行等はAWS側で行われるので、ユーザは運用管理を気にする必要はありません。データ分析のみに集中することができます。

❺ Amazon Kinesis

Amazon Kinesisはリアルタイムでストリームデータを収集・分析処理するためのフルマネージドサービスです。

ストリーミング動画のキャプチャや処理を行う**Amazon Kinesis Video Streams**や、データストリームのキャプチャ等を行う**Amazon Kinesis Data Streams**等多彩な機能をもちます。「12.9 データ転送系サービス」で解説する**Amazon Kinesis Data Firehose**もその一部です。

❻ Amazon Managed Streaming for Apache Kafka（Amazon MSK）

フルマネージドな Apache Kafka を提供するのが、**Amazon Managed Streaming for Apache Kafka（Amazon MSK）**です。セットアップや管理にハードルが残るデータストリーム処理ツール **Apache Kafka** を、自動で実行・管理してくれるサービスです。

❼ Amazon QuickSight

Amazon Quicksight は、高速なクラウド対応ビジネスインテリジェンス（BI）サービスです。ビジネスインテリジェンスとは、企業が抱える膨大なデータを分析し、経営戦略に役立てることを指します。

Amazon Quicksight は、高度な計算、および情報の可視化を実現するために、**SPICE** と呼ばれる仕組みを活用しています。

SPICE とは、**S**uper-fast（超高速）、**P**arallel（並列）、**I**n-memory **C**alculation **E**ngine（インメモリ計算エンジン）です。

この SPICE によって、ユーザは現状の**データインサイト**を、自社の戦略に正確に役立てることができます。

❽ AWS Data Exchange

いわゆるサードパーティデータをサブスクライブできるのが、**AWS Data Exchange** です。対応しているサブスクライブデータは、金融、ライフサイエンス、ヘルスケア、メディアやエンターテインメント等、多岐にわたります。

❾ AWS Data Pipeline

AWS Data Pipeline は、データ処理とデータ移動の自動化を行えるサービスです。データが保存されている場所に一定間隔でアクセスし、データの変換と処理を実行。その結果を Amazon S3 や Amazon RDS 等の AWS サービスに転送します。

❿ AWS Glue

ETL ジョブを自動で簡単に作成、実行できるサービスが、**AWS Glue**

です。ETLとは、抽出（Extract）、変換（Transform）、ロード（Load）からなり、ソースから取得した情報を任意のフォーマットとスタイルに変換、また、任意の箇所にロードするまでの統合アプローチを指します。

サーバレスなので、インフラを構築する必要がないのもAWS Glueのメリットです。

⓫ AWS Lake Formation

AWS Lake Formationとは、安全なデータレイクを簡単に構築できるサービスです。データレイクとは、あらゆるソースから、ビッグデータをもとの形式のまま保持できるストレージリポジトリのことです。

データレイクの高速構築はもちろんのこと、ポリシーの一元管理等、セキュリティにも特化しているため、ビッグデータを扱う場合には強力なサービスとして活用できるでしょう。

12.9 データ転送系サービス

表12-9-1、表12-9-2に、主なデータ転送系サービスをまとめます。また、それぞれの説明を加えます。

主なサービス	概要
AWS DataSync	・最大10倍高速でデータを簡潔に転送
AWS Transfer Family	・SFTP、FTPS、FTPの業界標準プロトコルをサポートするデータ転送サービス
Amazon S3 Transfer Acceleration	・クライアントとAmazon S3バケット間で、高速／シンプルにデータを転送
Amazon Kinesis Data Firehose	・大規模なストリーミングデータを収集／処理

表12-9-1　オンライン：主なデータ転送系サービス

❶ AWS DataSync

AWS DataSyncは、AWSが提供する各ストレージサービスとのデータ転送を、高速かつシンプルに、そしてオートマチックに行えるサービスです。インターネット、あるいはAWS Direct Connectを介して転送されます。

オンプレミスで稼働するNFS、SMBストレージ等をロケーションとして定義し、Amazon S3、さらにはAmazon EFSやAmazon FSxといった、他のストレージサービスへの転送もスムーズなことが強みです。

また、例えばAmazon EFSからAmazon S3への同期に使用するといった、AWS上のデータを別のストレージサービスへの複製に利用することも可能です。

❷ AWS Transfer Family

AWS Transfer Familyとは、AWS Transfer for SFTP、AWS Transfer for FTPS、AWS Transfer for FTPの集約的サービスを提供する、フルマネージドサービスです。SFTP、FTPS、FTPといった通信プロトコルをサポートし、Amazon S3との間で直接ファイル転送を実行できるようになります。

❸ Amazon S3 Transfer Acceleration

Amazon S3 Transfer Accelerationを利用することで、クライアントと**Amazon S3バケット**（オブジェクトの論理コンテナのこと）の間で、ファイルを高速かつ簡単、安全に転送できます。大陸間で定期的に大きなオブジェクトを転送する場合等に活躍します。

❹ Amazon Kinesis Data Firehose

Amazon Kinesis Data Firehoseは、ストリーミングデータを簡単に収集／処理してくれる、Amazon Kinesisがもつ機能の1つです。

ユーザエクスペリエンスを高めるには、連続して生成されるデータの収集／処理をほぼリアルタイムに近い形で実行しなければなりません。しかし、数十万ものデータソースから同時に集まるデータを処理するためには、大量のサーバをプロビジョニングし、管理もする必要があります。

Amazon Kinesis Data Firehoseを利用すれば、データソースからストリーミングデータを取り込んで、Amazon RedshiftやAmazon S3へ

主なサービス	概要
AWS Snow ファミリー	・AWS Snowcone、AWS Snowball、AWS Snowmobile で構成される、オフラインデータ転送用デバイスの総称

表 12-9-2　オフライン：主なデータ転送系サービス

とロードします。ロード前にデータのバッチ処理、圧縮、暗号化といったストリーム処理が行われるため、ストレージ量を最小限に抑えることが可能です。フルマネージド型なので、管理も必要ありません。ボリュームとスループットに応じて、自動でスケーリングします。

5 AWS Snow ファミリー

ネットワークに依存せずに、大量のデータをクラウドに移行できるデータ転送デバイスの総称が**AWS Snow ファミリー**です。数多くの企業が導入しており、例えば動画コンテンツ配信サービスである**Netflix**[70]も、AWS Snow ファミリーを構成する**AWS Snowball**を使用して、コンテンツ配信ワークフローを構築したと公式発表しています。

AWS Snow ファミリーは、AWS Snowcone、AWS Snowball、AWS Snowmobile の 3 種類から構成されています。

① AWS Snowcone

AWS Snowconeは、Snow ファミリーにおいて最小（2020 年時点）のエッジコンピューティング、エッジストレージ、データ転送デバイスです。8 テラバイト、重さ 2.1 キログラムと、持ち運びたいときやスペースが限られているときに最適です。

② AWS Snowball

AWS Snowballは、1 週間程度でペタバイト規模のデータを転送するデバイスです。AWS Snowcone と AWS Snowmobile の中間的存在といえます。以下 2 つのオプションが存在します。

・ブロックストレージとオブジェクトストレージの両方、40 個の

70 Netflix - AWS による大規模なポストプロダクションメディア配信 (38:02)
https://youtu.be/OR5-uTvfhsM　動画（英語）

vCPUを提供するもの。

-Snowball Edge Storage Optimized（データ転送用）

・ブロックストレージとオブジェクトストレージ、オプションのGPU、52個のvCPU lenzを提供するもの。

-Snowball Edge Compute Optimized

③ AWS Snowmobile

AWS Snowmobileは、およそ14mのコンテナに100ペタバイトのストレージを搭載したトレーラーです。AWS Snowballでも保存しきれないような超大容量データの移行や、データセンターを丸ごと移行したいときなどに使用。専門のセキュリティ担当者やGPS追跡、24時間年中無休の監視カメラ、オプションでの輸送中警護車両等、安全性を保ったまま、高速に膨大な規模のデータを転送できます。

12.10 コンテナ系サービス

表12-10-1に、主なコンテナ系サービスをまとめます。また、以下にそれぞれ説明を加えます。

主なサービス	概要
AWS App2Container（A2C）	・既存アプリケーションを簡単にコンテナ化するサービス
Amazon Elastic Container Service（Amazon ECS）	・フルマネージド型コンテナオーケストレーションサービス
Amazon Elastic Container Registry（ECR）	・フルマネージド型コンテナレジストリ
Amazon Elastic Kubernetes Service（EKS）	・オープンソースのKubernetesをフルマネージドで利用できるサービス
AWS Fargate	・コンテナ向けサーバレスDockerコンテナ実行サービス

表12-10-1　主なコンテナ系サービス

❶ AWS App2Container（AWS A2C）

AWS App2Container（AWS A2C）は、オンプレミスや仮想マシン上で動くアプリケーションをコンテナ化してくれるサービスです。依存関係にあるもの（関係するパッケージ等）も含めてコンテナ化して、Amazon ECSやAmazon EKSにそのまま移行、さらにデプロイまで実行します。

2020年時点では、.NETまたはjavaアプリケーションのみに対応していますが、リフト＆シフトを提唱するAWSにおいては、展望が期待されるサービスの1つといえるでしょう。

❷ Amazon Elastic Container Service（Amazon ECS）

Amazon Elastic Container Service（Amazon ECS）は、スケーラビリティ（拡張性）に優れた高性能なコンテナ管理サービスです。Amazon EC2インスタンス、あるいはサーバレスインスタンスであるAWS Fargateで構成したクラスタ上で、Dockerコンテナを簡単に実行／停止／管理できます。ユーザ自身でクラスタ管理インフラをインストールしたり、スケールしたりする必要はありません。

また、Amazon Route 53、Secrets Manager、AWS IAM、Amazon CloudWatchといった、他のAWSサービスと組み合わせて使用することも可能です。

❸ Amazon Elastic Container Registry（ECR）

Amazon Elastic Container Registry（ECR）は、フルマネージド型のコンテナレジストリです。Amazon ECSに統合されており、このレジストリを使用することで、ユーザはDockerイメージを簡単に保存／管理／デプロイできます。

❹ Amazon Elastic Kubernetes Service（EKS）

Amazon Elastic Kubernetes Service（EKS）は、フルマネージド型のKubernetesサービスです。オープンソースのKubernetesがほぼそのまま提供されています。

Amazon ECSと同じく、Amazon EC2だけでなくAWS Fargateを使ってAmazon EKSクラスタを実行できるので、サーバのプロビジョニングや管理は必要ありません。もちろん、他のAWSサービスとの連携も可能です。

5 AWS Fargate

AWS Fargateは、サーバレスでDockerコンテナを実行できるコンピューティングサービスです。Amazon ECSとAmazon EKSの両方をサポートしています。

12.11 サーバレス系サービス

表12-11-1に、主なサーバレス系サービスをまとめます。また、以下にそれぞれの説明を加えます。

主なサービス	概要
Amazon API Gateway	・フルマネージドAPI管理サービス
Amazon EventBridge	・アプリケーションやサービス間通信のためのイベントバスを提供
Amazon Simple Notification Service（Amazon SNS）	・サーバレスでアプリケーションからの通知を実現
Amazon Simple Queue Service（SQS）	・フルマネージドのキューイングサービス
AWS AppSync	・マネージドGraphQLゲートウェイ
AWS Step Functions	・サーバレスの関数オーケストレーションサービス

表12-11-1　主なサーバーレス系サービス

1 Amazon API Gateway

Amazon API Gatewayは、簡単にAPIの作成や配布、保守または運用まで行える、フルマネージドのAPI管理サービスです。**REST API**、**WebSocket API**、そして**HTTP API**の3種類のAPIが選択できます。

❷ Amazon EventBridge

Amazon EventBridge は、SaaS アプリケーションや AWS サービスで発生したイベント（ここでは、「システムの状態が変化したこと」を表します）を、各 AWS サービスにリアルタイムで紐づけて配信してくれるサービスです。

もともとは **Amazon CloudWatch Events** と呼ばれていたサービスで、Amazon CloudWatch Events の機能に加えて、SaaS 連携やユーザ独自のアプリケーションからイベントを受信できる機能が備わりました。

❸ Amazon Simple Notification Service（Amazon SNS）

Amazon Simple Notification Service（Amazon SNS） は、サーバレスでアプリケーションからの通知を可能にするサービスです。使える通知プロトコルには、HTTP、HTTPS、E メール、AWS Lambda、SMS（Short Message Service）等が挙げられます。

例えば、EC サイトでユーザが商品を購入し、その商品が発送されたタイミングで発送完了通知を送りたい、といったときなどに活躍します。

❹ Amazon Simple Queue Service（SQS）

Amazon Simple Queue Service（SQS） は、メッセージキューイングを簡単に実装できるサービスです。

メッセージキューイングとは、**キュー**と呼ばれる容器にいったんメッセージを格納することで、送信者、受信者ともに好きなタイミングで送受信処理を行えるメッセージ手法です。

Amazon SQS を利用すれば、キューならではの非同期通信の実現に加えて、AWS サービスとして高い障害耐性や処理能力を手に入れることができます。

❺ AWS AppSync

GraphQL ベースの API を簡単に作成してくれるのが、**AWS AppSync** です。**REST API** とよく比較されることがありますが、その違いとして、AWS AppSync では MQTT over WebSocket によるリアルタイムデータの送信ができるという点が挙げられます。

6 AWS Step Functions

AWS Step Functions とは、ビジュアルワークフローを用いることで、分散アプリケーションやマイクロサービスのコンポーネントを簡単に調整できるサービスです。

個々の Lambda 関数を簡単につなぐためのサービスといえます。

12.12 デベロッパーツール系サービス

表 12-12-1 に、主なデベロッパーツール系サービスをまとめます。また、以下にそれぞれの説明を加えます。

主なデベロッパーツール	概要
Amazon CodeGuru	・オートコードレビューを行う
AWS CodeArtifact	・ソフトウェアパッケージリポジトリ
AWS CodeBuild	・フルマネージドでビルドを行う
AWS CodeCommit	・フルマネージドソース管理サービス
AWS CodeDeploy	・ソフトウェアのデプロイを自動化
AWS CodePipeline	・アプリケーションの継続的デリバリー（CD）と継続的インテグレーション（CI）を実現
AWS CodeStar	・AWS での開発をわずか数分で開始する

表 12-12-1　主なデベロッパーツール系サービス

1 Amazon CodeGuru

コードのオートレビューを実行し、もっとも非効率な箇所を特定するものが、**Amazon CodeGuru** です。

実際には大きく 2 つの機能を搭載しており、Amazon CodeGuru Reviewer がコードレビューの自動化を、Amazon CodeGuru Profiler がアプリケーションパフォーマンスの分析を行っています。

❷ AWS CodeArtifact

AWS CodeArtifact とは、ソフトウェアパッケージを安全に保存、共有できるリポジトリサービスです。対応しているビルドツール／パッケージマネージャーは、以下のとおりです。

Java…………Maven、Gradle
JavaScript…npm、yarn
Python………pip、twine

❸ AWS CodeBuild

AWS CodeBuild は、コードをビルドするサービスです。ソースコードのコンパイルから、テストの実行、デプロイ可能なソフトウェアパッケージを作成できます。フルマネージドなので、継続的にスケーリングされ、複数のビルドが同時に処理されます。

❹ AWS CodeCommit

いわゆる **GitHub** と同じような働きをするのが、**AWS CodeCommit** です。つまり AWS CodeCommit は、Git のリモートリポジトリを提供します。AWS CodeCommit もフルマネージドのため、スケーリングの必要がありません。

❺ AWS CodeDeploy

AWS CodeDeploy は、AWS が提供するデプロイに特化したサービスです。AWS CodeDeploy を使用することで、指定したインスタンスすべてに対して、作成したプログラムを自動でデプロイすることができます。

❻ AWS CodePipeline

AWS CodePipeline とは、ソフトウェアをリリースするために必要なプロセスを自動化してくれるサービスです。具体的には、継続的デリバリー（CD）と継続的インテグレーション（CI）の開発手法が取り入れられており、開発〜デプロイまでの工程を自動化することで、リリースまでの負荷を減らし、迅速にリリースしてくれます。

7 AWS CodeStar

上記の各サービスを1つのツールセットとし、AWSでの開発をわずか数分で開始できるようにしたサービスが**AWS CodeStar**です。AWS CodeStarを利用することで、ユーザはすばやくソフトウェアをリリースすることができます。また、組み込みのロールベースポリシーによって、チーム全体が安全に作業することも可能です。

12.13 セキュリティ、アイデンティティ、コンプライアンス

以下に、監視、統制、認証、検出、保護、インシデント対応、コンプライアンスを説明します。

主なサービス	概要
Amazon CloudWatch	・AWSサービスのために作られたマネージド監視サービス
AWS Systems Manager	・オンプレミスおよび、AWSリソースに対する管理タスク自動化機能を提供するサービス

表12-13-1　監視の主なサービス

1 Amazon CloudWatch

Amazon CloudWatchは、AWSで動作する各リソースを監視するマネージドサービスです。メトリクス(各サービスを監視することで得られる、パフォーマンスデータ）を収集して、設定したしきい値を超過したときにアラートを鳴らしたり、なんらかのアクションを自動で実行させたりすることができます。

例えば、Amazon EC2インスタンスの場合、CPU使用率やディスク読み出し回数等をモニタリングし、そのメトリクスの値によって、インスタンスの追加や停止を自動で行うことが可能です。

世の中にはさまざまな監視ツールが存在しますが、Amazon CloudWatchを利用するメリットは主に2点あります。

1つは、Amazon CloudWatchはPolling型ではなく、Push型であることです。スケーリングが容易なクラウドサービスにおいては、オートスケールに設定する、つまり監視対象が勝手に増えるケースも少なくありません。その点、Amazon CloudWatchはPush型であるため、自動で増えた監視対象が自動で通知を送ってくれるという、クラウドに適した形になっています。

もう1つが、マネージドサービスにも対応している点です。つまり、AWSに存在する数多くのサーバレスマネージドサービスにも柔軟に機能します。Amazon CloudWatchについてまとめるならば、「AWS用に作られた監視サービスのため、AWSにもっとも適した監視サービスである」ということです。

❷ AWS Systems Manager

AWS Systems Managerとは、オンプレミスやAWS上のリソースを表示したり、インスタンスを制御したりするための、いわば管理タスク自動化サービスです。具体的には、OSパッチの適用、アンチウイルス定義の更新、ソフトウェアのインストール状況確認等、さまざまな機能を有しており、運用管理フェーズにおいて活躍するサービスです。

主なサービス	概要
AWS Organizations	・AWSアカウントの一元管理サービス
AWS Control Tower	・複数のAWSアカウント統制をより簡単にする管理サービス

表12-13-2　統制の主なサービス

❸ AWS Organizations

AWS Organizationsは、既存のAWSアカウントを組織として統合し、一元的に管理するサービスです。統合されたアカウントの一括請求をしたり、アカウントをグループごとに分けて、特定のAWSサービスにおける異なるアクセスポリシーを設定したりすることができます。

❹ AWS Control Tower

AWS Control Tower とは、AWSマルチアカウントの統制サービス（上記のAWS Organizations、コンプライアンス準拠状況確認サービスAWS Configルール、ログイン集約サービスAWS SSO等）を組み合わせたAWS Landing Zoneのセットアップを自動化し、マルチアカウントのAWS環境を提供してくれるサービスです。

複数の分散されたチームでも、AWSアカウントをすばやく新規に、かつコンプライアンスポリシーに準拠した形で作成します。

主なサービス	概要
AWS Identity and Access AWS Management（IAM）	・ユーザアクセスの認証管理
AWS Single Sign-On（SSO）	・シングルサインオンを実現するユーザアクセス一元管理
Amazon Cognito	・サインアップやサインインを可能にするSDK
Amazon Directory Service	・ディレクトリのセットアップおよび、Microsoft Active Directoryとの接続を簡単に行えるサービス

表12-13-3　認証の主なサービス

❺ AWS Identity and Access Management（IAM）

AWS Identity and Access Management（IAM） は、ユーザ認証によってAWSサービスやリソースへのアクセス範囲を制御するサービスです。ユーザひとりひとりにIDを付与し、IAMユーザとして各リソースへのアクセスを許可／拒否します。また、複数のIAMユーザをまとめてIAMグループとして管理することも可能です。

❻ AWS Single Sign-On（SSO）

文字通り、1つのIDとパスワードだけで、複数のアプリケーションへのサインインを可能とするのがAWS SSOです。AWS Organizationsと連携しており、AWS Organizationsにあるすべてのアカウントに対して、ユーザアクセス許可の管理を行えます。

さらにSalesforceやBox、またはSlackやOffice 365といった多くのビジネスアプリケーションとの統合機能も持ち合わせています。

❼ Amazon Cognito

Amazon Cognitoは、Webアプリケーションおよびモバイルアプリケーションに、ユーザ認証やアクセスコントロール機能を追加できる、いわゆるSDK（ソフトウェア 開発キット。プログラム、API、サンプルコードをパッケージ化したもの）サービスです。数行コードを記載するだけで、ユーザ名とパスワード、あるいはFacebookやTwitter、Apple等のサードパーティによるサインインを実現させます。

❽ Amazon Directory Service

Amazon Directory Serviceは、AWSクラウド内にディレクトリをセットアップしたり、既存のオンプレミスMicrosoft Active DirectoryとAWSの各サービスを接続したりすることができるサービスです。

主なサービス	概要
Amazon Security Hub	・セキュリティ―アラートの一元的な管理
Amazon GuardDuty	・高度な脅威検出サービス
Amazon Inspector	・Amazon EC2インスタンスにおける脆弱性診断を行ってくれるサービス
AWS Config	・AWSリソース設定の評価
AWS CloudTrail	・ユーザアクティビティの記録

表12-13-4　検出の主なサービス

❾ Amazon Security Hub

対応するAWSサービス（Amazon GuardDutyやAmazon Inspector等。それぞれの詳細は後述）やAWSのパートナー製品のセキュリティアラートを一括管理できるのが、**Amazon Security Hub**です。セキュリティ業界標準によるチェックで、注視したいアカウントやリソースを特定するのに役立ちます。

⑩ Amazon GuardDuty

Amazon GuardDuty は、AWSの各アカウントや環境への悪意ある攻撃や、不正な動作を検知してくれる脅威検出サービスです。機械学習とAIにより、各種AWSのログを収集して分析します。

有効化することは特に難しい操作は必要なく、AWSマネジメントコンソールから数クリックするだけです。

⑪ Amazon Inspector

Amazon Inspector は、簡単にいえば、Amazon EC2向けの脆弱性診断を提供するサービスです。実行すると、評価対象ホストおよび、ホスト集合体における潜在的なリスクがあるかどうかの評価をします。ただし、評価するだけで対処はしてくれない点には注意しなければなりません。

Amazon GuardDutyとの違いは、Amazon GuardDutyが「実際のログ」を分析するのに対して、Amazon Inspectorは「ある攻撃を受けたとしても、問題がない構成になっているか？」をチェックする点にあります。つまり、コトが実際に起こってしまう前にリスクを排除できるというメリットがあります。

⑫ AWS Config

AWSリソースの設定から、リソース構成情報のスナップショットを取得して評価／管理できるサービスがAWS Configです。リソース構成履歴の検索や、構成変更時の通知等もでき、実行することで現状のAWSリソースが望んだ状態になっているかを評価します。

⑬ AWS CloudTrail

AWS CloudTrailは、いつ、だれ（IAMユーザやAWSサービス、ロール等）が、どのような作業を行ったかを記録してくれるサービスです。デフォルトで過去90日間分をAWS CloudTrail上に記録してくれており、特に利用料金はかかりません。

90日間を超えてイベントを保存したいときは、Amazon S3等の別サービスを利用する方法があります。ただし、Amazon S3に保存する場合、

AWS CloudTrail 利用料はかかりませんが、Amazon S3 の利用料がかかるので注意が必要です。

主なサービス	概要
AWS Shield	・DDoS 攻撃からの保護
AWS WAF	・AWS が提供する Web アプリケーションファイアウォール
AWS Firewall Manager	・ファイアウォールルールの一元的な管理／適用
Amazon Macie	・機械学習による Amazon S3 バケット内の機密データ保護
AWS Key Management Service（KMS）	・データ暗号化に使用する暗号化キーの管理
AWS Certificate Manager（ACM）	・SSL 証明書発行および管理サービス
AWS Secrets Manager	・シークレット情報を API コールで取得

表 12-13-5　保護に関する主なサービス

⓮ AWS Shield

AWS Shield は、**DDoS 攻撃**から、AWS 上で構築したシステムを保護するサービスです。AWS を利用する時点で、無料で適用される Standard プランと、有料ですが高度なセキュリティを展開する Advanced プランがあります。

各プランの違いを大まかに説明すると、Standard プランでは **OSI 参照モデル**におけるネットワーク層（L3）およびトランスポート層（L4）を保護します。加えて Advanced プランでは、アプリケーション層（L7）も保護の対象です。また、攻撃分析レポートの提供、DDoS 攻撃による瞬間的に膨れ上がった課金への払い戻し、24 時間 365 日の専門サポート等がついているのも、Advanced プランの魅力です。

⓯ AWS WAF

AWS WAF は、AWS が提供する **Web Application Firewall** のことです。アプリケーションレベルで、攻撃の危機を検知／遮断します。もちろん、クラウドサービスの恩恵として、従来かかっていた初期投資はかかりません。

セキュリティの知識がなくとも、「マネージドルール」と呼ばれる事前設定済みの安価なルールセットを購入すれば、すぐに導入できるのも特徴の1つです。

⑯ AWS Firewall Manager

上記のAWS WAFを複数の環境で適用している場合にお勧めなのが、**AWS Firewall Manager**です。AWS Firewall Managerは、AWS WAFのルール設定を一括で管理するためのサービスです。AWS Organizationsと統合されており、構築したインフラストラクチャ全体にポリシーを適用させます。

⑰ Amazon Macie

Amazon Macieとは、機械学習とパターンマッチングを利用して、Amazon S3バケットに保管されているデータを自動的に分類／特定することで、機密データを保護してくれるサービスです。分類されたデータは継続的に監視され、悪意のあるアクセスを検知します。

ちなみに、**Macie（メイシー）**とは、1つが「武器」、そしてもう1つが「力強く、さっぱりとした優しい人」という2つの意味をもちます。わかりやすい（さっぱりとした）ユーザインターフェースをもちながらも、強固な武器となる当サービスにぴったりの名前です。

⑱ AWS Key Management Service（KMS）

簡単に暗号化キーを作成するためのサービスが、**AWS Key Management Service（KMS）**です。

AWS KMSでは以下2種類の鍵が使用されます。

・データを暗号化するための鍵（データキー）

・データキーをさらに暗号化するための鍵（マスターキー）

このように、2つの鍵を使って保護する仕組みを**エンベロープ暗号化**といいます。AWS KMSではエンベロープ暗号化を用いることで、データをセキュアに管理することを実現しています。

⑲ AWS Certificate Manager（ACM）

AWS Certificate Manager（ACM）は、AWSが提供するSSL証明書管理サービスです。証明書の発行および自動更新を可能にし、AWS内で運用しているWebサービス等を常時SSL／TLS化することができます。証明書の発行や更新には、費用はかかりません。

⑳ AWS Secrets Manager

各種アプリケーションやITリソースへアクセスするための認証情報やパスワードといった、ハードコードされているシークレット情報を、APIコールに置き換えて取得できるのが**AWS Secrets Manager**です。アプリケーションにシークレット情報を保持させる必要がないので、リスクや人的コストを軽減しながら認証情報の更新を行えます。

主なサービス	概要
Amazon Detective	・検知したインシデントの調査を実行するサービス

表 12-13-6　インシデント対応の主なサービス

㉑ Amazon Detective

Amazon Detectiveは、Amazon GuardDuty等で検知したインシデントの内容を、詳細に調査するためのサービスです。

例えば、Amazon GuardDutyによる検知で「IAMユーザが通常とは違う場所から利用されている」というインシデント結果が出た場合、Amazon GuardDuty上ではその詳細を確認することができません。

一方、Amazon Detectiveを利用すれば、以下のような検知されたインシデントの詳細までを把握することができます。

- ・IAMユーザが普段どのIPから利用されているか（国等の地域情報も含む）
- ・どのような操作を行ったのか
- ・別の場所から作成されたAmazon EC2等があるか

主なサービス	概要
AWS Artifact	・コンプライアンスレポートのダウンロード

表 12-13-7　コンプライアンスの主なサービス

22 AWS Artifact

第三者による監査レポートをダウンロードできるのが、**AWS Artifact** です。IAM ユーザにポリシーを付与するだけで簡単にダウンロードできます。

ダウンロードできるレポートの種類としては、以下が挙げられます。

・Payment Card Industry（PCI）

・System Organization Control（SOC）

・AWS ISO 認定

その他、医薬や金融等のレポートもダウンロード可能です。

12.14 機械学習系サービス

表 12-14-1 に、主な機械学習系サービスをまとめます。また、以下にそれぞれの説明を加えます。

1 Amazon SageMaker

Amazon SageMaker は、簡単にいうと、ノートブックの**機械学習モデル**をそのままデプロイしてホスティングできる、フルマネージド機械学習サービスです。さまざまな**機械学習フレームワーク**（Apache MXNet や TensorFlow 等）に対応しており、Docker のコンテナで稼働するように構成されているという特徴もあります。

2 Amazon Augmented AI（A2I）

Amazon Augmented AI（A2I）は、機械学習の結果に対してのレビューを、実際の人間のチェックも含めたワークフローで提供するサービスです。例えば、ローン申請書の処理や、名刺データ管理においては、機械学習で結果が反映されるといっても、完全ではありません。そのような場合に、人間のチェックによるレビューを行うことで、より正確な情報を提供します。

主なサービス	概要
Amazon SageMaker	・フルマネージド機械学習サービス
Amazon Augmented AI（A2I）	・機械学習結果への、実際の人間によるチェックも含めたワークフローを提供
Amazon Comprehend	・テキストの自然言語処理（NLP）を実行
Amazon Elastic Inference	・Amazon EC2 や Amazon Sagemaker のインスタンスに GPU を付与
Amazon Forecast	・機械学習による、過去データおよび関連データからの未来予測
Amazon Fraud Detector	・リアルタイム不正検知サービス
Amazon Kendra	・エンタープライズ検索サービス
Amazon Lex	・対話型インターフェースをアプリケーションに構築
Amazon Personalize	・リアルタイムパーソナライズレコメンデーション
Amazon Polly	・テキスト読み上げサービス
Amazon Rekognition	・イメージやビデオの分析
Amazon SageMaker Ground Truth	・フルマネージドデータラベリングサービス
Amazon Textract	・ドキュメントの抽出
Amazon Translate	・人間の脳の仕組みを模した機械翻訳
Amazon Transcribe	・音声データをテキストに自動変換する
AWS Deep Learning AMI（DLAMI）	・ディープラーニングの環境構築
AWS Deep Learning Containers（AWS DL Containers）	・ディープラーニングフレームワークがインストールされた Docker コンテナ
AWS DeepComposer	・機械学習対応の電子キーボード
AWS DeepLens	・機械学習対応のビデオカメラ
AWS DeepRacer	・自走する 18 分の 1 スケールレーシングカー
Amazon Inferentia	・AWS による独自 AI チップ

表 12-14-1　主な機械学習系サービス

❸ Amazon Comprehend

Amazon Comprehend は、テキストを表面的に理解するのではなく、前後の文章や感情を分析して、インサイトや関係性を検出できる**自然言語処理**（**NLP**：Natural Language Processing）サービスです。NLPとは、人間が日常的に使う言語をコンピュータに認識させる技術のことで、チャットボット等に利用されています。

❹ Amazon Elastic Inference

Amazon Elastic Inference は、Amazon EC2 や Amazon SageMaker のインスタンスに、**GPU**（Graphics Processing Unit）を付与できるサービスです。Amazon Elastic Inference を利用することで、推論にかかるGPU コンピューティングを余分にプロビジョニングの必要がなくなり、コストを最大 75% カットすることができます。

❺ Amazon Forecast

Amazon Forecast は、過去の時系列データ（およびその関連データ）をもとに、未来予測を行うサービスです。Amazon.com と同じテクノロジーをベースとして予測を立てている、といえば、それだけでリテール業界等において強力な未来予測サービスであることがおわかりでしょう。

❻ Amazon Fraud Detector

Amazon Fraud Detector を利用すれば、リアルタイムで不正なアクティビティを識別することができます。例えば、オンライン上での不正な支払いや、偽造されたアカウントの作成等をすばやく検知し、企業にとって予期しえない不測な損失が回避されます。

❼ Amazon Kendra

ウェブサイトやアプリケーションに自然言語検索機能を提供するのが、エンタープライズ検索サービスとしての **Amazon Kendra** です。自然な言葉による質問を理解してくれることで、あらゆるデータからより具体的で、本当に必要な回答を提供してくれます。

❽ Amazon Lex

Alexaをご存知でしょうか？ いわゆるスマートスピーカー等に搭載される音声サービスで、Alexaと会話することで、オンラインで注文を済ませたり、家の明かりを遠隔で点灯させたりするなど、さまざまなサービスを受けられます。

Amazon Lexはまさに Alexaと同じ会話型エンジンが使用されており、音声やテキストを使用した会話型のインターフェースを、さまざまなアプリケーションに構築できます。

❾ Amazon Personalize

Amazon Personalizeは、ECサイトやアプリケーション画面等で、リアルタイムのレコメンデーションを行うサービスです。具体的には、画面上でユーザに合わせたおすすめ商品を提示したり、検索結果を並べ替えることもします。あるいは、Eメールマーケティングとして、月ごとのメールマガジンの配信等も行うものです。

裏側では、Amazon S3に保存された行動履歴等をAmazon Personalizeが読み込み、カスタマイズされたレコメンデーションを提供するという、シンプルな動きになっています。

❿ Amazon Polly

深層学習を利用したテキスト読み上げサービスが、Amazon Pollyです。多数の言語をサポートしており、また、高度なディープラーニング技術が採用されているため、自然な話し言葉の印象を与えます。

⓫ Amazon Rekognition

Amazon Rekognitionは、イメージ分析、あるいはビデオ分析をアプリケーションに追加するためのサービスです。Amazon Rekognition APIにイメージやビデオを指定するだけで、Amazon Rekognitionが各データを識別し、人、モノ、シーン等の判別ができます。

⑫ Amazon SageMaker Ground Truth

Amazon SageMaker Ground Truth は、ラベリングされたデータセットを作成するためのサービスです。人間の手作業によるラベリングに基づいて、データセットに自動的にラベリングします。これは、**Amazon SageMaker** の機能の一部でもあります。

⑬ Amazon Textract

Amazon Textract は、スキャンしたドキュメントやデータを自動抽出します。例えば、帳票に書かれた内容も、「その情報がなにを意味するのか」までも関連付けられて抽出するので、情報をすぐに活用することが可能です。

⑭ Amazon Translate

Amazon Translate はニューラル機械翻訳サービスです。ニューラル機械翻訳とは、人間の脳を模したニューラルネットワークによる深層学習モデルを利用した翻訳のことで、従来のものよりも、高速で高品質な翻訳を提供します。

⑮ Amazon Transcribe

「テキストを読み上げるもの」ではなく、**音声データをテキストに変換する機能を簡単にアプリケーションに追加できるサービス**が、**Amazon Transcribe** です。完全とはいえませんが、日本語対応もしているため、リアルタイムでの議事録作成等に役立つでしょう。

⑯ AWS Deep Learning AMI（DLAMI）

MXNet や TensorFlow 等、あらかじめディープラーニングに関する代表的なオープンソースフレームワークがインストールされているため、簡単にディープラーニング環境を構築できるのが、**AWS Deep Learning AMI（DLAMI）**です。実行したいスクリプトがあれば、すぐにでも開始できます。

⑰ AWS Deep Learning Containers（AWS DL Containers）

AWS Deep Learning Containers（AWS DL Containers）は、ディープラーニングフレームワークがプレインストールされたDockerイメージです。AWS DLAMIと同様、MXNetやTensorFlow等の代表的なフレームワークをサポートしています。

⑱ AWS DeepComposer

エンターテインメント性あふれるサービスも紹介しておきましょう。

AWS DeepComposerは、世界初の機械学習対応の**電子キーボード**です。簡単な単一のメロディを入力するだけで、複数の楽器による音楽を生成[71]します。

⑲ AWS DeepLens

こちらも本編の要素としては外れているかもしれませんが、紹介させていただきます。

AWS DeepLensは、機械学習対応の**ビデオカメラ**です。機械学習を、あくまでエンターテインメント的に学ぶためのソリューションで、AWS DeepComposerや次に説明するAWS DeepRacerと同じ立ち位置にあるといえるでしょう。

「食べ物がホットドッグであるかそうでないか」を検出するホットドッグ認識や、猫あるいは犬を探して認識する猫／犬認識等、ユニークなサンプルプロジェクトが搭載されています。

⑳ AWS DeepRacer

AWS DeepRacerは、機械学習によって自律走行する18分の1スケールのレーシングカーです。アルゴリズムを定義したうえで、AWS DeepRacer独自のモデルを作り上げていきます。

---

71 Announcing AWS DeepComposer with Dr. Matt Wood, feat. Jonathan Coulton
https://youtu.be/XH2EbK9dQlg　動画の7分50秒あたりから演奏を始めます。

作り上げたモデルはバーチャルレース、あるいは実機でのレースで利用できるため、もっとも優れたモデルを作ろうと（仕事そっちのけで）闘志を燃やすエンジニアたちも少なくない…かもしれません。

21 Amazon Inferentia

Amazon Inferentia は、AWS 独自の人工知能（AI）専用プロセッサで、機械学習の推論に特化したソリューションです。TensorFlow、PyTorch、Caffe2 等、主要な機械学習フレームワークに対応しており、低コストで**推論処理**を行うことができます。

12.15 カスタマーエンゲージメント系サービス

表 12-15-1 に、カスタマーエンゲージメント系サービスに関する主なサービスをまとめます。また、以下にそれぞれの説明を加えます。

主なサービス	概要
Amazon Connect	・コールセンターシステムを提供
Amazon Pinpoint	・ユーザの動向分析～的確なアプローチまでを実現するエンゲージメント強化サービス
Amazon Simple Email Service	・フルマネージドメール配信サービス
Contact Lens for Amazon Connect	・Amazon Connect に付随する、会話分析のための機械学習機能

表 12-15-1　主なカスタマーエンゲージメント系サービス

1 Amazon Connect

Amazon Connect は、コールセンターに必要なソリューションを一括で提供してくれるサービスです。Amazon のコールセンターで使われている技術と同じものが、初期費用なしの通話時間に応じた課金体系で、簡単に利用できます。

❷ Amazon Pinpoint

Amazon Pinpoint は、興味関心や状態等の項目でセグメント（分類）したユーザに、文字通りピンポイントでメッセージを送れるサービスです。

Eメールやプッシュ通知、SMS、音声等の媒体を通して、正しい対象ユーザに好きなタイミングでメッセージを送ることができます。

❸ Amazon Simple Email Service（SES）

Amazon Simple Email Service（SES） は、AWSが提供するメール送受信サービスです。

サービスを開始するのに最低限必要なのは、AWSアカウントとメールアドレス、ドメインのみで、メールサーバの管理やネットワーク構成、IPアドレスの評価といった複雑なインフラは必要としません。導入のハードルが低いため、すぐに開始できるといったメリットがあります。

❹ Contact Lens for Amazon Connect

Contact Lens for Amazon Connect は、前述❶のAmazon Connectに組み込まれた機能の一部です。機能としては、コンタクトセンターにかかってきた電話内容を文字に起こしたり、会話の感情分析をします。顧客満足度向上につなげるためのサービスといえるでしょう。

12.16 VMware Cloud on AWS と AWS Outposts

ここまで、移行における効果的なAWSの各サービスを紹介してきました。これまで紹介したサービスを駆使することで、クラウド環境の恩恵を十二分に享受して、企業のさらなる利益確保を追求できるようになるでしょう。

見まわしますと、社内システムを **VMware vSphere** 上の仮想マシンで稼働させている会社が散見されます。VMwareの仮想マシンでシステムを稼働させている場合、残念ながら既存システムをそのままAWS上で動かすことはできません。提供されるサービスやアーキテクチャが異なるためです。

一部をAWS環境に移すとしても、もともと相互に連携し合っていたオンプレミスの各システムでは、オンプレミスとAWS間のネットワークがボトルネックになるリスクもあります。あるいは、パブリッククラウドに移したシステムを、再度オンプレミスに戻すのも一苦労です。一から仮想マシンを作り直すコストを想像するのは、たやすいでしょう。

オンプレミスで稼働する仮想マシンを、そのままAWS上でも稼働させるような、理想的な環境を構築するにはどうすればよいのでしょうか？ そこで登場するのが、VMware × AWSのテクノロジーを結束させた**VMware Cloud on AWS（VMC on AWS）**です。

VMC on AWSとは、AWSデータセンター内のベアメタルサーバに、仮想サーバ（VMware vSphere）、仮想ストレージ（VMware vSAN）、仮想ネットワーク（VMware NSX）で構成される、VMwareのクラウド基盤ソフト（**VMware Cloud Foundation**）を導入した、オンデマンドサービスです。

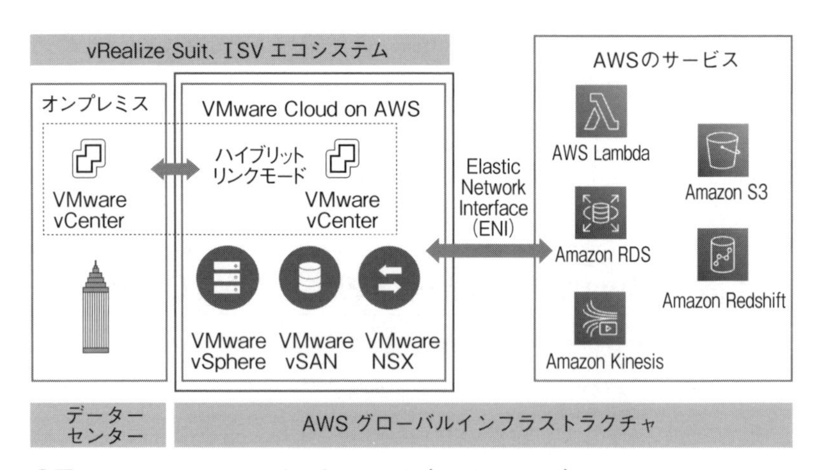

●図12-16-1　VMware Cloud on AWS（VMC on AWS）

VMC on AWSの特徴としては、主に以下のものが挙げられます。

・オンプレミスの仮想マシンをAWS上でそのまま動かすことが可能
・VMC on AWS→オンプレミスへと仮想マシンを戻すことも簡単

・IPアドレス構成はそのまま、ダウンタイムなしに、オンプレミス～VMC on AWS間で仮想マシンを移動させることができる（VMware vSphereのバージョン間の差異も吸収）
・同一リージョンのAWSインスタンスと25Gbpsの高速通信を実現

現状オンプレミスで運行しているシステムを、どのようにしてクラウドに移行させるべきか迷ったときには、VMC on AWSの活用も視野に入れてみるとよいでしょう。

あるいは、クラウドに移行せずとも、オンプレミス環境でAWSのクラウドインフラと同等のシステムを実行できるサービスもあります。それが、AWS Outpostsです。

AWS Outpostsは、24inchのラックに以下のシステム一式が搭載されています。

Amazon EC2	Amazon EMR
Amazon EBS	Amazon VPC
Amazon ECS	Amazon RDS
Amazon EKS	Amazon S3

フルマネージドとして提供されるので、AWS Outposts設置後の監視やパッチ適用、更新等もすべてAWS側で行います。オンプレミス環境に残しておきたいデータや、オンプレミスで稼働すべきシステムがある場合には、AWS Outpostsの活用をお勧めします。

おわりに

この本を読み終えて、クラウドに対する考え方に変化がありましたか。クラウドを活用するには単純にサーバをクラウド上に置けばいいというものではなく、クラウドの特徴を理解して利用することが大切だということを解っていただけたのではないかと思います。また、企業においてクラウド導入に必要なステップについてもご理解いただけたことと思います。

本書が、皆様の「クラウドへの第一歩」の一助になれましたならば、執筆者としてこれほどの喜びはありません。

用語集

リフト＆シフト

オンプレミスで実現していた環境をそのままクラウドに移行（リフト）し、その後徐々に最適化（シフト）を進めていくクラウド導入の方法。

世界３大パブリッククラウド

Amazon Web Services（AWS）、Microsoft Azure（Azure）、Google Cloud Platform（GCP）の３つを指す。

Amazon Connect

AWSが提供するクラウドコンタクトセンター。

電話を受けフローに従って自動メッセージを流したりオペレーターに繋いだりすることができる。

Amazon Polly

AWSの文字読み上げサービス。

AIを利用して文章をリアルな音声に変換できます。Amazon Connect等と組み合わせて、文字のシナリオをしゃべらせたりすることが可能。

Amazon Relational Database Service（RDS）

AWSが提供するリレーショナルデータベースサービス。

Oracle、Microsoft SQL、MySQL、PostgreSQLといったメジャーなRDBMSをSaaSとして利用できる。

マネージドサービス

AWSが管理を行い利用者側がOS、ミドルウェアなどの管理をする必要がないSaaS。

Amazon Elastic Block Store（EBS）

Amazon EC2やAmazon RDSのストレージとして提供される。

Amazon EBSはそれ自体が冗長化されているので、別途RAID等を組む必要はない。また、スナップショット機能を利用することである時点のAmazon EBSの状態をAmazon S3に保管することができる。VMwareのスナップショットと違って別のストレージ（Amazon S3）にコピー保管されるところもポイント。

https://aws.amazon.com/jp/ebs/

Amazon CloudWatch

AWSのフルマネージド監視サービス。

監視項目（メトリックといいます）に対してアクションを指定でき、例えばシステムダウン時に自動再起動といったアクションも簡単に組むことができる。

https://aws.amazon.com/jp/cloudwatch/

AWS Backup

AWSのフルマネージドなバックアップサービス。

Amazon EC2、Amazon RDSだけでなく、さまざまな他のAWSサービスのバックアップにも対応しており、バックアップの一元管理および自動化を容易にする。

https://aws.amazon.com/jp/backup

AWSコンプライアンスプログラム

AWSでは第三者認証によりその安全性を証明している。

https://aws.amazon.com/jp/compliance/programs/

メインフレームや非x86アーキテクチャ

IBM AIX、HP HP-UX、Oracle SPARC Solarisなど。

サポートされているOS

Amazon EC2では主にMicrosoft WindowsおよびRed Hat Enterprise Linuxなどがサポートされている。

https://aws.amazon.com/jp/ec2/features/#Operating_systems/

FTサーバ

全てのパーツを多重化することにより単一障害ではシステムダウンしないように設計されたハードウェア。

AWSでは、このような高耐障害性の単一サーバは用意されていません。その代わりに、複数のサーバで構成することで、どれかが故障してもシステムとしては動作し続ける様にアプリケーションを設計することが必要になる。

ユニコーン企業

創業してからの年数が浅く（10年以内）、企業価値評価額が高い（10億ドル以上）未上場ベンチャー企業。

デカコーン企業

ユニコーン企業の中で特に企業評価額が100億ドルを突破している企業。

DevOps

開発と運用を同時に検討し継続的な開発リリースを可能にする開発・運用手法。

Code シリーズ

AWS CodeStar（統合CI／CDプロジェクト管理サービス）、AWS CodePipeline（ソフトウェアリリースワークフローサービス）、AWS CodeBuild（コードのビルドとテスト自動化サービス）、AWS CodeDeploy（デプロイの自動化サービス）等AWSの包括的なサービス。

VMware Cloud on AWS（VMC on AWS）

AWSのハードウエアを使いVMware社が提供しているサービス。

オンプレミスでVMware vSphere仮想基盤を利用している場合、同じ使用感でクラウド化が可能。

https://aws.amazon.com/jp/vmware/

VMware Hybrid Cloud Extension（VMware HCX）

オンプレミスのVMware vSphere基盤とVMware Cloudをシームレスに接続することを目的に開発されたソリューション。

https://vmc-field-team.github.io/labs-jp/hcx-lab-jp/

vSphere vMotion（vMotion）

稼働中の仮想マシンを別の物理サーバへ、ダウンタイムなしで移行できる技術。

https://www.vmware.com/jp/products/vsphere/vmotion.html

Amazon マシンイメージ（AMI）

Amazon EC2用の仮想マシンファイルフォーマットOpen Virtualization Format（OVF）のようなもの。

AWSから提供されるOSイメージや、持ち込んだOSイメージを保存する際の仮想マシン設定情報を含むOSイメージです。バックアップを取得するときにもこの形式で保存される。

AWS CloudFormation

基盤構成をコードで管理するInfrastructure as Codeを実現するためのサー

ビス。

AWSの各リソースの構築を定義することによって自動で作成することができる。

AWS Database Migration Service（AWS DMS）

AWSのデータベース移行サービス。

AWS Schema Conversion Tool（AWS SCT）と併用することでOracleからPostgreSQLといった異種データ移行が可能。

https://aws.amazon.com/jp/dms/

Elastic Load Balancing（ELB）

AWSの負荷分散サービスの総称。

その中に特徴の異なったApplication Load Balancer（ALB）、Đetwork Load Balancer（NLB）、Đateway Load Balancer（GWLB）、Classic Load Balancer（CLB）の計4つのサービスがあり、用途に分けて利用することにより効率的な負荷分散を実現する。

https://aws.amazon.com/jp/elasticloadbalancing/

Amazon Route 53

AWSが提供するフルマネージドDNSサービス。

単なるDNSの機能の他に、ヘルスチェック機能を備えており、一番ユーザの拠点から一番レイテンシの低いIPアドレスを応答させたり、別のリージョンに配置されたWebサーバにロードバランスをさせたりといった機能もある。

プロフェッショナルサービス

ガイドライン作成やアーキテクチャ検討支援などを有償で実施するAWSのサービス。

APN

APNはAWSパートナーネットワークの略称であり、AWSだけではサポートしきれない顧客サポートの提供を行っている。

https://aws.amazon.com/jp/partners/

プレミアティアコンサルティングパートナー一覧

以下のサイトからで確認することができる。

https://aws.amazon.com/jp/partners/premier/

パートナー情報一覧

以下のサイトから条件を入力してパートナーを探すことができる。

https://partners.amazonaws.com/jp/

MFA（Multi-Factor Authentication）

多要素認証。

ハードウェアまたはソフトウェアによるワンタイムパスワード発行デバイスを AWS アカウントに紐づけることにより、このデバイスがないとログインできない仕組みを提供する。

https://docs.aws.amazon.com/ja_jp/IAM/latest/UserGuide/id_credentials_mfa.html

マルチ AZ（Availability Zone）

マルチ AZ 構成は、複数の AZ を使用するシステム構成を意味する言葉として用いられます。マルチ AZ 構成は AZ の冗長化であり、マルチ AZ 構成を用いることによって 1 つの AZ で障害が発生しても他の正常な AZ を使用して稼働を継続できるため、システムの可用性を向上させることができます。

VMware vSphere

VMware が提供する複数のコンポーネントから構成される仮想化ソフトウェアスイートの総称。

VMware vSAN（VMware Virtual SAN）

VMware が提供する SDS（Software Defined Storage）。

ベアメタルハイパーバイザ ESX がインストールされているサーバに内蔵されている SSD（Solid State Drive）や HDD（Hard Disk Drive）を仮想的に結合し、1 つのデータストアとして利用できる。

VMware NSX

VMware が提供するルータ、スイッチ、ファイアウォール、ロードバランサ等のネットワークコンポーネントをソフトウェアとして提供するネットワーク仮想化プラットフォーム。

vCenter Server

VMware が提供する VMware vSphere を使用した仮想化インフラのライセンスやリソースの管理などを行う統合管理プラットフォーム。

Elastic DRS

Virtual Machine の障害時の自動ホスト交換、スケールアウト、スケールインを自動で行うなど、サービスに組み込まれた機能を通して、アプリケーションの高可用性を実現してくれるサービス。

Software-Defined Data Center（SDDC）

CPU、メモリ、コンピュート、ネットワーク、ストレージ等を仮想化し、ソフトウェアによって定義された仮想的なデータセンターを提供するサービス。

Amazon S3 バケット（S3）

AWS が提供するオブジェクトストレージサービス。

99.999999999% の高可用性を備えておりバージョニングや静的コンテンツのホストが可能。

Amazon Transcribe

AWS が提供する音声をテキスト変換するサービス。

自動音声認識の深層学習プロセスを利用して、迅速で高精度に音声をテキスト変換する。

Amazon Comprehend

AWS が提供する自然言語処理サービス。

テキストからのキーワード抽出や感情分析等ができる。

Application Auto Scaling

AWS サービスの自動スケーリングを提供するサービス。

Amazon CloudWatch メトリクスに基づくスケーリングや、スケジュールに基づくスケーリング等を設定できる。

Infrastructure as Code（IaC）化

インフラの構成をコードとして宣言することによって、インフラの冪等性（何度実行しても同じ結果になる）を担保する仕組み。

IaC 化することでシステムの標準化やヒューマンエラーの防止などのメリットを享受できる。

索引

記号・数字

A

B

C

D

E

F

T

U

V

W

X

あ

た

な

は

ま

や

ら

わ

執筆者一覧

田中基敬（たなか　もとのり）
富士ソフト株式会社　ソリューション事業本部
インフラ事業部　クラウドソリューション部

北村明彦（きたむら　あきひこ）
富士ソフト株式会社　ソリューション事業本部
インフラ事業部　クラウドソリューション部

出堀琢麻（でぼり　たくま）
富士ソフト株式会社　ソリューション事業本部
インフラ事業部　クラウドソリューション部

安斎寛之（あんざい　ひろゆき）
富士ソフト株式会社　ソリューション事業本部
インフラ事業部　クラウドソリューション部

安藤遼佑（あんどう　りょうすけ）
富士ソフト株式会社　ソリューション事業本部
インフラ事業部　クラウドソリューション部

- 本書の内容に関する質問は、オーム社ホームページの「サポート」から、「お問合せ」の「書籍に関するお問合せ」をご参照いただくか、または書状にてオーム社編集局宛にお願いします。お受けできる質問は本書で紹介した内容に限らせていただきます。なお、電話での質問にはお答えできませんので、あらかじめご了承ください。
- 万一、落丁・乱丁の場合は、送料当社負担でお取替えいたします。当社販売課宛にお送りください。
- 本書の一部の複写複製を希望される場合は、本書扉裏を参照してください。

JCOPY <出版者著作権管理機構 委託出版物>

入門者のためのAWS導入ガイド
―クラウド戦略が生まれたときに誰もが知るべき「クラウド移行」の第一歩―

2021年3月31日　第1版第1刷発行

著　者　田中基敬
　　　　北村明彦
　　　　出堀琢麻
　　　　安斎寛之
　　　　安藤遼佑
発行者　村上和夫
発行所　株式会社 オーム社
　　　　郵便番号　101-8460
　　　　東京都千代田区神田錦町3-1
　　　　電話　03(3233)0641(代表)
　　　　URL https://www.ohmsha.co.jp/

組版　さくら工芸社　　印刷・製本　三美印刷
ISBN978-4-274-22700-4　Printed in Japan